中国の軍事戦略

東京財団研究員
小原凡司

東洋経済新報社

はじめに

東シナ海や南シナ海における中国人民解放軍やコーストガードの活動が活発化している。日中間が、二〇一二年九月一一日の日本政府による尖閣諸島（魚釣島、北小島、南小島）購入をきっかけに外交的に厳しく対立し、政治的関係改善の兆しが見えない中でのことだ。

そして、日中間には、危機管理メカニズムが存在しない。自衛隊と中国人民解放軍の間には、相手にどう対応するのかという経験もない。そもそも、装備品等についてはともかく、相手のことを十分に理解しているとは言い難い。

相手の行動に対して誤解や恐怖が生じれば、予期せぬ軍事衝突が生じる可能性もある。さらに、いったん生じた不測の事態をエスカレートさせないためのメカニズムがないのだ。

現在の日本では、中国の挑発的な実力行使を見て、中国の脅威を強調する傾向が強いように思われる。

それは、仕方がないことかも知れない。実際に、中国のコーストガードである海警の船舶は、尖閣諸島の接続水域を常続的に航行し、日本の領海への侵入を繰り返した。

海警の船舶だけではない。中国海軍の艦艇の行動も活発であり、時に、危険な挑発行為を行った。二〇一三年一月に、中国海軍フリゲートが海上自衛隊護衛艦に対して、火器管制レーダーを照射したのだ。

火器管制レーダーは、捜索用レーダーとは異なり、艦砲あるいはミサイルで攻撃するために用いられるものである。

また、二〇一三年五月には、中国海軍の潜水艦が、繰り返し日本の接続水域を潜没航行している。万が一、潜没したまま領海内に侵入すれば、敵対行動と理解されても仕方がない。

公海で活動するのは自由であるが、ここに挙げたような中国軍の挑発行為や、中国外交部や国防部の強硬な発言が行われていると、中国海軍の度重なる西太平洋や東シナ海での演習も、日本に圧力をかけているように見える。

こうした演習に関して、中国国内で「日本を震撼せしめた」などという言論があると、なおのこと、日本人を不安にさせる。

そして、最近では、対日挑発行為の主役は、中国空軍である。二〇一四年五月から、中国空軍の戦闘機が自衛隊機や米軍機に異常接近を繰り返しているのだ。

こうした危険な飛行は、二〇〇一年四月に生起した、中国軍戦闘機が米海軍機に異常接近してコントロールを失い衝突した事件を想起させる。

さらに、南シナ海で起こっていることも、日本人の目を引く。二〇一四年五月には、中国国営企業が、ベトナムと権利を争う海域で海底掘削作業を行い、これを阻止しようとするベトナム海上警察等の船舶と中国海警等の船舶が文字どおり衝突した。

中国は、他国と領有権を争っている南沙諸島の複数の礁で埋め立てを開始し、建造物も構築している。一部の礁では滑走路整備の計画もあるとされ、軍事要塞化を懸念する声も聞く。

もちろん、周辺諸国を顧みない中国の実力行使は、実際に、周辺諸国の国益を損ねている。また、実力行使は、エスカレートして軍事衝突に至る危険性もある。これは、防止し、対処しなければならない事象である。

しかし、中国の意図を理解しなければ、効果的にこれを防止し、これに対処することはできない。

一つ一つの事象は、大きな流れの中で捉えられなければならない。その事象が、大きな流れの中にあるものなのか、例外として排除できるものなのか、それとも方向転換の兆候なのかを見極めなければならないということである。

事象の表層だけを見ていては、その事象が示す意味を理解できない。意味を理解せずに対処すれば危険でさえある。

例えば、中国の軍事的挑発行為が生起した場合、単純にこの行為が軍内の一部の暴発であると判断してしまっては、中国の姿勢転換を見逃し、有効な対処のための準備を怠る可能性がある。一方で、これを、中国の日本に対する軍事力行使の意図を示すものだと誤解すれば、さらに大きな軍事衝突にエスカレートする可能性がある。

実際に起こっている事象は、そのように単純な理由だけでは説明できない。外部からは見えにくい中国国内の理由が影響していることも多い。

こうした挑発行為や実力行使といった事象が、習近平指導部の意志によるものなのかどうか。

意志に基づくものであるとすれば、なぜ、実力行使が必要だと考えられ、その目的は何なのか。反対に、指導部の意志によらない事象であるとすれば、それは偶発的事象なのか必然的事象なのか。偶発的事象であるとすれば、そうした事象が起こる原因は何なのか。指導部の意図でないにもかかわらず、必然的に起きる事象であるとすれば、中国国内で何が起こっているのか。いかなる国の指導者も、内政と外交を同時にプレイする。外交は、内政の影響を避け難く受けている。その内政の影響とは何なのかという意味だ。

こうした疑問を解かなければならない。「脅威」は、「能力」と「意図」から形成される。中国は、経済発展に伴って、自国の意図を具現化する「能力」を有しつつある。中国が脅威なのかどうかは、残る「意図」にかかっている。

東南アジア諸国を訪れて、安全保障にかかわる政府高官、軍人、研究者たちと議論をしていて気づくのは、国ごとの中国に対する認識の多様さと、各国内でのディレンマだ。

東南アジア諸国にとって、中国の存在感は、日本が感じる以上に大きい。これらの国々は、自国の命運をかけて中国と向き合っている。

日本は、中国とどのように付き合うのか、あるいは、中国の強硬な対外的態度にどのように対処するのかを考えたときに、「南シナ海で中国と対立する東南アジア諸国と協力して中国を囲い込む」ことができると安易に考えてはいないだろうか？

東南アジア諸国は、最近の中国の南シナ海におけるアグレッシブな活動には警戒しても、中国とは対立しないという微妙なバランスを保っている。

微妙なバランスの対中認識は、中国の意図を理解しようとする努力の上に成り立っている。中国との相互理解のための対話を重視する国も多いし、中国の外交／軍事に関する分析も怠らない。例えば、中国の056型コルベットの建造が明らかになったとき、東南アジア諸国は敏感に反応した。中国が、この艦艇を南シナ海で使用するのではないかと考えたからだ。056型コルベットの性能を分析し、この艦艇を用いて何ができるのかを理解しようと努めていた。

武器装備品は、目的があって開発／製造され、配備される。武器装備品の開発や配備の状況を分析すれば、軍事力を何のために、どのように使用しようとしているかが理解できるということでもある。

武器装備品の整備および軍事力の使用は、各国の軍事戦略の中で行われる。そして、軍事力は、その国の意図を体現するためのツールであり、戦争は、対外政治の一部あるいは延長であるとも言われる。

本書は、中国人民解放軍、特に、人民解放軍海軍の装備品の整備状況等から、中国の軍事戦略を読み解き、特に、中国の海洋進出の意図を明らかにすることを試みるものである。あわせて、中国の国内政治の状況も、この目的のために俯瞰する。

一方で、中国の軍事力使用に対して日本が軍事力を使用する場合には、シビリアン・コントロールが貫かれなければならない。シビリアン・コントロールとは、国民が軍事力を管理することである。

国民が軍事力を管理するとは、具体的には、国民の選挙によって選ばれた国会議員から成る国会が管理するということである。国権の最高機関が国会であるのは、国民の直接選挙によって選出された国会議員が議論し、意思決定する場だからだ。

日本では、これまで安全保障に関する議論はタブー視される風潮にあった。しかし、中国の能力向上を含む情勢の変化が起こりつつあるいま、日本国民は、自らの安全保障を自ら考えなければならないのではないか。

安全保障は、イメージや感情論で議論してはならない。日本の国益をいかに守るのかを、論理的かつ現実的に考えるべきだ。日本の安全保障に関する現状についても理解しなければならないという意味でもある。このために、本書では、最後に、日本の状況も付け加えることにした。

日本がどのように中国に対処すべきかを考える際、本書が、読者の思考に波紋を与える小石の役割が果たせれば幸いである。

小原凡司

二〇一四年九月

中国の軍事戦略★目次

第一章

中国の軍事戦略は理解できるのか？

中国の新型戦略兵器の謎

「ハイパーソニック・グライド・ビークル」という名前は、格好が良い近未来の乗り物のようだ。和訳して「極超音速飛翔体」というと、さらにSFの香りが強くなる。

しかし、これは兵器の名前である。しかも、ただの兵器ではない。この兵器を使用されると、現在のところ、防御する手段がない。さらに、世界中あらゆる地域に対して、極短時間で精密攻撃が可能である。

まさに、国際社会の秩序を変えるかも知れない戦略兵器となり得る兵器なのだ。そして、中国がこの新型戦略兵器の発射試験に成功した。

米国のニュース・メディアは米国防総省の情報として、「二〇一四年一月九日、米軍が中国上空を極めて高速で飛行する物体を探知した」と報じた。この物体が、米国防総省がWU－14と呼ぶ、マッハ五（音速の五倍）以上の速度で飛行する極超音速飛翔体の実験機である。

この極超音速飛翔体は、弾道ミサイルの弾頭部に搭載されて地上から発射された後、ロケットブースターと分離、亜宇宙空間で弾頭部分から切離されて大気圏に再突入し、高速飛行を行った。その速度はマッハ一〇に達している。

マッハ一〇というのは、とてつもない速さだ。速度が速いビークルと言うとすぐに思いつく戦闘機でも、その半分の速さのマッハ五にもはるかに及ばない。しかも、最新の戦闘機が最速という訳ではない。

最速の戦闘機は一九六八年に生産が開始された旧ソ連のＭＩＧ－25であり、最高速度は、カタログ・データでマッハ三とされている。実際には、マッハ三を出すことはできないだろう。

米国が超音速戦闘機や偵察機の配備を始めたのが一九五〇年代である。ソ連は、これら米国の軍用機に対抗するために超音速機の開発を迫られたのだ。当時米国が開発したＳＲ－71偵察機は、戦闘機ではないが、マッハ三を超える速度で飛行が可能であり、軍用機の中で最速であるとされる。

しかし、ＳＲ－71はすでに退役している。なぜ、古い機体が最速なのだろう？　ＭＩＧ－25の後継機であるＭＩＧ－31の最大速度も、ＭＩＧ－25のそれに及ばない。最新の航空機は、古い航空機より性能が劣るというのだろうか？

実際には、性能が落ちた訳ではない。性能に関する考え方が変化しているのだ。新しい戦闘機や偵察機は、最高速度を犠牲にしてもその他の能力を高めている。

また、戦闘機に求められる速度にも変化が生じている。古い戦闘機は、アフターバーナーをたいて最高速度を出している。超音速で飛行できるのは一時的であり、巡航速度では音速を超えることはできない。

近年では、アフターバーナーをたいて一時的に出せる最高速度よりも、巡航速度を上げることのほうが重要であると考えられている。超音速で巡航できることが高性能な戦闘機の条件の一つになっているのだ。米国の最新の戦闘機であるF－22は、マッハ一・五で巡航が可能である。

戦闘機が最高速度を競わなくなった現在、なぜ、マッハ五を超える速度で飛行する極超音速飛翔体が必要なのだろうか？　極超音速飛翔体に求められる性能が戦闘機や偵察機と異なるということは、戦闘機や偵察機とは異なる目的のために使用されるということである。

では、戦闘機や偵察機とは異なる目的とは何なのだろう？　高速であるということは、目標までの到達時間が短いということである。発生した事象に軍事的に対応する必要がある場合には、リアクションタイムが短くなければならない。

この点では、全ての軍用ビークルには、短いリアクションタイムで目標に到達できる性能が求められる。そのためには、航空機であれば、目標付近に長時間滞空できるか、あるいは高速で移動できなければならない。

しかし、同様にリアクションタイムの短縮を求められる極超音速飛翔体と戦闘機／偵察機であっても、その間には、いくつかの相違点がある。無人か有人かという違いもあるが、最大の相違は、戦略兵器であるかどうかだろう。

戦闘機や偵察機は、単に短いリアクションタイムで目的地に到達しなければならないだけでなく、目的の空域で滞空しなければならない。戦闘や偵察活動を行わなければならないからだ。一定の空域において戦術活動を行わなければならない戦闘機や偵察機に対して、極超音速飛翔体は、目標に衝突し破壊することだけを目的にしている。いったん発射されれば、自爆させる以外は、ただ目標に衝突して破壊するためだけに飛行するのだ。その意味では、極超音速飛翔体は、ミサイルや砲弾と同様である。

実際のところ、戦闘機や偵察機も高速であるに越したことはない。映画『トゥームレイダー2』で主人公が高速で飛行してきた航空機を湖で破壊したように、単に目的地まで移動するだけで、安全に着陸しようと思わなければ、さらに高速のビークルを使用することも可能だ。しかし、ジェット・エンジンによって自ら推力を得て極超音速飛行し、自由に機動するためには、解決しなければならない技術的課題が多くある。現段階では、極超音速飛翔体は自由に運動することすら難しい。

現段階では解決すべき課題が多くとも、いったん使用されれば確実に目標を破壊できるという兵器は、その保有自体が他国に対する影響力となる戦略的な性格を有する。その戦略性は、核兵器にも通じるものだ。

極超音速飛翔体は、極超音速で飛翔することによって、撃墜が非常に難しくなっている。敵の迎撃システムによる攻撃下での生存性を高めているということだ。しかし、極超音速で飛翔するのは、生存性を高めることだけが目的ではない。

すでに配備されている巡航ミサイルは極超音速で飛行する訳ではないが、それでも撃墜は極めて難しい。撃墜されないことだけを目的にするのであれば、現有の巡航ミサイルでも十分に有効である。莫大なコストをかけて極超音速飛翔体を開発するのでは割に合わない。

しかし、極超音速で飛行することには別の意義がある。極短時間のうちに目標を破壊することである。極めて戦略的な意義である。その意義を理解するためには、米国を取り巻く国際情勢と米国の戦略を理解しなければならない。なぜなら、極超音速飛翔体を開発し始めたのは米国だからだ。

二〇一四年一月に発射試験を成功させたのは中国だが、発射試験に成功したのは中国が初めてではない。米国には、短時間のうちに目標を破壊できる極超音速飛翔体を開発する必要があったのだ。それは、米国の国際情勢認識の変化に伴うものだ。中国は、米国の開発に対抗して開発しているとも言える。

ここで問題になるのは、米国に対抗して極超音速飛翔体を開発する中国の意図がどこにあるのかということである。そもそも、米中両国は、戦略兵器として核兵器を保有している。両国とも大陸間弾道ミサイルを保有しており、自国から相互に核攻撃が可能である。

それでも、新たな戦略兵器を保有する必要はどこにあるのだろうか？　米国の思考過程は、公表されている公的文書などから明らかになり、その戦略を理解することができる。

米国の思考過程は後ほど述べるが、問題は中国の戦略が明らかではないことである。中国の意図がわからないから、日本でも脅威を感じる人が多いのだ。

中国が何を目的として、どのようにその目的を達成しようとしているかは、日本の安全保障に影響を与えるだけでなく、国際社会のあり方にも大きな影響を与える可能性がある。中国は、すでに国際社会における巨大なアクターであり、政治的影響力を有しているのだ。

その中国の意図および軍事戦略は、日本をはじめ、国際社会全てが理解したいと考えている。公開される情報に制限がある中国に関しては、米国の戦略と軍事装備品に対する理解のアプローチとは反対に、極超音速飛翔体をはじめとする軍事装備品の開発および配備の状況、軍の活動などから、その戦略を導き出さなければならない。

兵器にはそれぞれ使用目的があり、それを達成するためにそれぞれの性格を有している。軍事装備品を見れば、軍事力を用いて何がしたいかをある程度理解できるものだ。

さらに、中国の国内状況に対する理解を基礎に対外的な態度などを分析することで、中国の軍事戦略をより正確に理解することができる。実際に、軍事装備品の配備、中国の国内状況および対外政策は、同じ方向を指している。

根本的疑問――中国は何をしたいのか?

日本をはじめとする周辺諸国では、中国の活動の対外的拡大や、その際の周辺国に対する態度を見て、中国を脅威だと認識する見方が多い。米国も、ことあるごとに中国の意図に対する懸念を表明している。

「脅威」は、「能力」と「意図」から形成される。中国は、高度経済成長を背景に、急速に軍の近代化を進めている。中国の「能力」は、急速に向上しているのだ。その中で、これまで最も近代化が著しいのが海軍である。

中国海軍は、最新技術を用いたイージス艦に似た外観の駆逐艦を大量に建造している。最新のフリゲートの建造の勢いも凄まじい。システムとしての完成度はわからないにしても、搭載している砲やミサイルだけでもあなどれない兵力である。

しかし、「能力」があるだけでは脅威にならない。もう一つの「意図」が問題である。「意図」については、いくら「悪意はない」と力説しても説得力はない。「言葉だけではなく、行動で示せ」というのは中国がよく用いるフレーズだ。

まさにそのとおりである。他国がある国の意図を判断するのは、その行動や態度、それに発言の内容などに拠る。軍事機密はどの国も有しているが、軍事に関する全ての情報を隠そうとする態度には、他国は不信感を募らせるだろう。

また、声を荒げて激高する様子や、他国の主張を強硬に突っぱねるような発言内容も、他国からは不信の目で見られる原因となる。簡単に「キレる」相手は何をするかわからないと感じるのだ。相手に能力がある場合にはなおさら怖い。

「能力」がある国であっても、日本人は米国を脅威と認識しない。それは、日本人が、米国が日本の安全を脅かすようなことはしないと認識しているからに他ならない。米国は日本の同盟国であり、日本を守る存在であって、敵対することはないと信じているのだ。

一方の中国の意図は、表面を見ていただけではよくわからない。さらに、「能力」に関しても、急速に近代化していることはわかっているが、その内容は公表されていない。国際社会が「中国の軍事力に関する透明性が低い」と非難する所以である。

中国が自らの能力を隠そうとすることが、余計に周辺諸国の不信感を煽る。本当に周辺諸国に対して軍事力を行使するつもりがなければ、情報を公開しないのはおかしいという訳だ。何か良からぬことを企図しているから隠そうとするのではないかと感じていると言える。

実は、これらは「脅威」そのものではなく、「脅威認識」である。たとえ、中国に「意図」あるいは「能力」がなく、実際の脅威ではなかったとしても、他国が「ある」のではないかと考えれば、脅威認識は生まれる。そして、行動は認識に基づいてとられる。

誤った脅威認識に基づいて行動すれば、相手が脅威であるのに必要な準備を怠ったり、反対に、相手が脅威ではないにもかかわらず、軍事力増強を図ったりすることになる。軍事力増強のために使用される金、国防費は、多くの国にとって、効率の良い投資ではない。

軍隊自体、一般的に、生産性がゼロの組織である。もちろん、軍隊は、国民、領土、主権を守るという公益を提供している。必要不可欠な存在である。しかし、特に平時においては、国防費を増加させても経済効果は望めない。

不必要な軍事力の増強は、予算の無駄遣いである。脅威が存在するのにこれに備えないことは国の存亡にかかわるが、一方で、実際より脅威を過大に見積もり、不必要な軍事力増強をすることも、国の体力を失うことにつながるのだ。

ある国に対する脅威認識は軍事力増強につながり、この行為が相手国の認識にも影響を及ぼす。相手国もまたこちらを脅威だと認識する。そうすると、相手国も脅威に対抗するために、軍事力を増強する。

双方の脅威認識は、それぞれ相手の軍事力増強によって高められる。そして脅威認識が高まれば、軍事力増強に拍車がかかる。こうして相互不信と軍拡のエスカレーション・ラダーを上っていくのだ。

冷戦が良い例だ。冷戦は、ただ終結したのではない。米国が旧ソ連に勝利したのである。簡単に言ってしまえば、旧ソ連は軍拡競争という戦争において米国に敗れたのだ。過大な軍事費が国の経済を疲弊させ、社会を混乱に陥れ、国を滅ぼすという実例だと言える。

勝利した米国でさえ、経済が疲弊しなかった訳ではない。米国ほど体力のない国であれば、なおのこと、適正な国防予算を組まなければならない。そして、国防予算編成を含め、適切な行動をとるためには、正しい認識を持つ必要がある。

脅威認識は恐怖につながり、過剰に反応して予期せぬ軍事衝突を起こすことも考えられる。しかも、通常兵力では抑止は均衡しにくい。エスカレーションの歯止めが利きにくいのである。米ソは核抑止で均衡したために軍事力増強の競争でも直接衝突することはなかったが、通常兵器は「使用できる」兵器なのだ。

加えて言えば、他国に対して意図的に攻撃する意図がないとしても、中国のような大国が自国の国益だけを追求し、他国への配慮をしなかったとすれば、その行動が他国の安全を侵害する可能性もある。

正しい認識を得るためには、イメージではなく、相手の「意図」と「能力」を分析する必要がある。加えて、相手に「意図」がなくとも、相手の行動が、結果として自らに危険を及ぼす可能性も含めて、脅威を判定しなければならない。

しかし、これがなかなか難しい。日本は、中国の認識を理解できるだろうか？　中国が「歴史問題」を持ち出すたびに、日本では「またか」という嫌悪感が広がる。中国政府が「歴史問題を利用」して、国民の不満をそらせ、日本に無理難題を押し付けていると認識されるからだ。

しかし、中国が言う「歴史問題」は、そんなに単純なものではない。そもそも、問題になっているのは「歴史」ではなく、「歴史認識」である。歴史認識は、学校教育、社会の活動および家族の記憶によって作られるものである。

確かに、江沢民は反日教育を強化し、国民の支持を得ようとした。「抗日戦争における日本の残虐行為」を強調して敵愾心を煽り、中国人としての一体感を創り出そうとしたのだ。「反日」

をネーション・ビルディング（国民形成）に利用したのだとも言える。

その影響は、現在でも社会の中に根強く残っている。しかし、政府が利用した「反日」は、政府に対抗する勢力にとっても利用可能なものだ。政府がコントロールできる範囲を超えるまで「反日」を煽れば、指導部はその対処に追われ、指導部の権威自体も損なわれる。

そもそも、大衆の運動を、都合の良い範囲内にコントロールすること自体が難しい。中国社会には、中国指導部が危機感を抱くほどの不満が溜まっている。その多くが、一部の人間だけが良い思いをし、自分たちが豊かになれないことに起因している。不満は、常に噴出する理由を探している。

「反日」は、不満を持つ者たちにとって、不満を爆発させる格好の口実になり得る。いかなる抗議デモであろうとも、反指導部のベクトルを含んでいる。「反日」デモであっても、指導部が十分に日本に対して強硬であれば抗議する必要はない。

指導部の対応が弱腰であるという不満は、指導部に対する不満である。中国指導部は、社会の不満や批判を最も怖がる。中国の権力闘争は、その大部分が共産党内での勢力争いであり、現政権に対抗する勢力と言っても、現在の共産党統治システムの中で利益を享受している。

対抗する勢力にとっても、共産党統治まで脅かされては困るのだが、爆発した不満はどこまで広がるかわからない。いったん表出した「反日」暴動に対して、指導部は表面的には彼らを支持し、彼らが納得する以上に対日強硬姿勢をとらざるを得ない。

その一方で、活動家たちを拘束し、「反日」暴動を抑え込む。表立って「反日」を抑えられないのは、中国社会に、「中国が日本や西洋諸国に蹂躙された」という共通の被害認識があるからである。中国国内では、この共通認識を否定することはできない。

中国では、アヘン戦争以後の中国が欧米および日本に虐げられた時代を「屈辱の世紀」と呼ぶ。中国は、先進諸国の傍若無人な振る舞いの犠牲者だったという意識を持っているのだ。当時の国際社会とは、欧米先進諸国が形成していた社会である。

中国の目には、現在の国際社会は、欧米先進諸国が自らの利益を上げるために都合の良い状況を固定するためのものだと映る。しかし、中国は、一九七八年に「改革開放政策」を取り入れて以来、経済発展を続けてきた。

「これからまさに中国が良い目を見る番だ」ということである。「中国には豊かになる権利がある。そして、これまで傍若無人な振る舞いによって好き放題に富を得てきた先進諸国にこれを止める権利はない」という意識もある。

中国には罪悪感がないという側面もあるのだ。もちろん、被害者を装って口実にしているという側面もあるが、むしろ、自らが利益を追求するのを妨げる欧米諸国、特に米国に苛立っている。中国は、自らの主張について、国際社会の支持を得られるよう、主として発展途上国に働きかけてきた。

そして、現在は、欧米それぞれの国内でも中国支持の勢力を拡大する活動を行い、その影響力を強めている。自国に対する他国の認識を変えることは、他国内の政治家や社会に働きかけて世論を操作し、自国に有利な政策をとるよう行動させることを目的としている。

国内的な三戦、対外的な三戦

しかし、中国で同様の活動を行うのは政府や外交部だけではない。中国人民解放軍には「三戦」という任務が付与されている。三戦とは、「世論戦」「心理戦」「法律戦」である。定めているのは、「中国人民解放軍政治工作条例」である。中国では、こうした活動が、情報活動ではなく政治工作とされているのだ。

わざわざ「相手を理解しなければならない」と言わなくとも、各国とも他国の意図を理解するための努力を続けている。一国の国内であっても、他国に対する認識が統一されることは少ない。いくつもある認識のうち、いずれかが優勢になり、国の認識となるのだと言える。だからこそ、世論操作の余地がある。

各国とも、他国が自国をどう見るのか、黙って見守っている訳ではない。相手国の認識を自国に有利なものにする試みも行われる。こうした試みは、外交でも行われるし、国際的な広報活動によっても行われる。同様の活動は、国際社会の支持を得るためにも広く展開されている。

日中間では、時に大々的に非難合戦が繰り広げられる。非難のトーンを強めるときもあれば、抑制的になることもあるが、こうした変化は、相手国あるいは国際社会に与える影響を常に計算しつつ自らの態度を決めている結果だと言える。

米国のＣＩＡ（中央情報局）などの情報機関も、特定の国内で世論操作のための活動を行っていると言われる。こうした活動は、社会に入り込むなどして水面下で行われ、外交活動と言うより諜報活動である。

中国の「三戦」についても、他国民の心理に働きかけ世論操作を企図するもの、および国際法などの解釈を自己の正当性主張に利用するものとして警戒されている。他国民の心理を利用して戦略的に世論操作をしようとしていると考えられているのだ。

中国人民解放軍が、心理戦試験部隊として瀋陽軍区の部隊に心理戦試験団を設立したのは二〇世紀末である。その後、同様の試験団が各軍区に複数設立されている。一九九九年に、軍校に心理戦教育研究室を設置し、二〇〇〇年には人民解放軍初の心理戦研究所を設立した。

心理戦を学んだ最初の幹部は二〇〇一年に卒業しているが、彼らは、全軍の政治工作を担当する幹部の中から選ばれたエリートであるという。

彼らが学んだのは、「軍事心理戦」「社会心理戦」「ハイテク条件下における心理戦」などだというが、内容はよくわからない。しかし、二〇一一年一月に、中国国防部のウェブサイトに、心理戦にかかわる興味深い文章が掲載された。

そこでは、「二〇一〇年に米軍が多種の心理戦宣伝方式を明らかにしたが、中国では、早くも二五〇〇年前に『孫子の兵法』で、心理戦について記述されている」とした上で、読者の心理戦に対する理解を深めるためとして、古代の心理戦の例を五つ挙げている。

五つの例のうち三つが、「三国志」の諸葛亮孔明の話である。特に、劉備、関羽、張飛、諸葛亮孔明らを英雄豪傑として描くのは、「三国演義」という小説であって歴史書ではない。現在では、諸葛亮孔明が秀でていたのは、民を治め、国を富ませる政策においてであり、戦場で臨機応変に対応するのは得意ではなかったとする研究もある。

小説に登場する英雄が、現在でも心理戦のお手本となるとしているのだ。また、古代中国に見られる権謀術数渦巻く社会（これも「三国志」などのイメージだが）が、現在も中国指導者たちの意識の中に生きているとすれば、それはそれで空恐ろしく感じる。

ただ、中国の「三戦」には二面性がある。一つは、中国が自ら宣伝する対外的な「戦争」である。相手国国民の心理に働きかけ、世論操作するなどの工作は、欧米では、一般的に情報組織が実施している。

しかし、中国人民解放軍では、少なくとも「三戦」のうち、「心理戦」を担当するのは情報部門ではない。政治将校がこの任務を担当しているのだ。政治将校は総政治部に所属しているが、中国人民解放軍の情報部は総参謀部に所属している。他国の諜報活動の実施者とは、異なる部門が行っているということだ。

では、総政治部の任務は何なのだろうか？　総政治部は、弁公庁、組織部、幹部部、宣伝部、保衛部、文化部、群衆工作部、連絡部、老幹部部、軍事法院、軍事検察院と直工部の、一二の部門から構成される。

「三戦」を担当するのは、宣伝部や群衆工作部のように思われる。しかし、総政治部の任務は本来、対外的なものではない。「党の路線、方針、政策を部隊の中に貫徹し、全軍と党中央の思想上、政治上の高度な一致を保持し、軍隊の政治的合格を保証し、戦闘力を向上させる」ことが本来任務とされる。

政治将校の工作は、本来、国内、特に人民解放軍を対象にしたものである。担当部門を見るだけでも、中国の「心理戦」には、もう一つの側面、すなわち、国内向けの「戦争」があると考えられるのだ。

中国指導部にとって、政権を維持する最後の拠り所は人民解放軍である。過去の中国共産党内の権力闘争は、最終的に、最大の暴力を振るえる集団が勝利してきた。

その認識が払拭しきれないため、指導部だけでなく、各地方のボスたちも地方の部隊を味方に付けようとする。現指導部にしても、人民解放軍の支持なしには、政策を遂行することが難しいと言える。

中国指導部にとって、人民解放軍の考えが常に党中央と一致していることは、死活的に重要なのだ。そして、「心理戦」と言いながら、現在の人民解放軍は、メンタル・ケアも必要な状態にある。「心理戦」が必要なのは、軍人のメンタル・ケアを実施して戦闘力を高めるところにあるのだ。その一例が、海軍の艦艇乗組員に対するメンタル・ケアである。

二〇〇九年四月に海軍医学系のウェブサイトに掲載された文章では、戦闘や軍隊での仕事・生活に対応できない将兵のメンタル・ケアの必要性と、艦艇乗り組みの軍医がメンタル・ケアを実施することの可否について論じている。

この文章では、価値観の多様化、軍と一般社会における生活のコントラストの激化、仕事のストレスの増大、人間関係の緊張などの客観的要素が艦艇乗組員の心理に影響を及ぼしているとし、遠洋航海において心理状態に変調を起こし業務に支障をきたすなどの心理的問題を起こしていると述べた上で、軍医に、これに対処させようとしているのだ。

「現在、艦艇上の大部分のメンタル・ケア業務は政治将校によって行われている。政治将校の多くは、政治軍校を卒業するか、指揮・技術から専門替えをした者たちであり、心理学の専門知識や心理を調整する科学的方法について十分な能力がない」とする表現は、艦艇乗組員のメンタル・ケアが「心理戦」の一部であることを示唆している。

そして、医学の素人である政治将校では効果的なメンタル・ケアができないことから、軍医がこれに対応すべきではないのかと述べている。しかし、政治部が主導する「心理戦」を真っ向から否定することができないため、回りくどい「軍医が実施することの可否」という表現を使っているのだ。

中国では、政治的に正しい、すなわち党中央の思想と一致していることが何より重要であり、このためには実質的な効果がないがしろにされるという典型であろう。

「世論戦」にしてもそうだ。対象の国や国際社会における世論を操作することも重要であるが、中国の指導部にとって最も恐ろしいものは、大衆の離反である。中国の王朝は全て、都市部からではなく、周辺の農民の反乱が広がって倒されてきた。共産党が行ったことも、共産主義革命ではなく、周辺の農民を取り込んでいったのだ。

中国指導部が、国内世論を操作しなければならないと考えるのは当然である。どの国の政府であっても、国民の支持を得ようと画策するものだが、中国では支持を失った際のダメージは、はるかに大きい。中国指導部が大衆を、あるいは世論を必死に操作しようとするのは、このためだ。

また、「法律戦」も、他国との衝突において国際法を最大限利用する以外に、国内にも存在する。「依法治国」（法を以て国を治める）というスローガンは、一九九七年九月の第一五回党大会で初めて提出された。この党大会は、鄧小平が死去して七カ月後に開催されたものである。

この党大会では、鄧小平の路線を引き継ぐことを保証することが重要であった。この後、江沢民は鄧小平が進めようとした制度化をないがしろにしていくが、このときはさすがに表立って鄧小平を否定する訳にはいかなかっただろう。

「依法治国」も、個人の意思によってではなく、人民の意志を反映した法律によって国を治めることを謳ったものである。そして、江沢民の影響下で達成されることはなかった。中国国内での「法律戦」も未だ戦いの最中にあると言える。

「心理戦」のみならず、「世論戦」も「法律戦」も、対外的な側面と国内的な側面の両方を有していると考えるのが自然である。しかし、「世論戦」「心理戦」「法律戦」のいずれも国内的な側面を公にする訳にはいかないので、いきおい対外的な勢いの良い部分だけが強調される。

ただし、国内的な側面があるとは言え、対外的な「三戦」が形式的なものであるという訳ではない。したがって、日本も中国の「三戦」をあなどってはならない。すでに、中国の「三戦」は、目に見える形で展開されている。中国の欧米諸国における広報活動の強化がそれだ。中国の表の「世論戦」であると言える。

「世論戦」や「心理戦」には、表もあれば水面下で行われる裏もある。水面下で行われるものには、諜報活動も含まれる。しかし、他国の世論を操作するためには、相手国内の状況を理解しなければならない。相手国内の状況を理解していなければ、効果的な心理的働きかけや世論操作ができないからだ。

情報収集活動は、各国にとって非常に重要だ。収集すべき情報は、軍事機密や技術情報に止まらず、政治動向や社会の関心など、多岐にわたる。そして、情報収集の手段も多岐にわたる。意外に思われるかも知れないが、情報部門の分析においても、使用される情報の九〇パーセント以上は公開情報である。

情報収集活動というのは地味なものだ。対象国内で発刊されている多くの新聞や雑誌を読み、テレビニュースなどを見て、インターネット上にある情報を漁る。ジェームズ・ボンドのような派手な立ち回りは映画の中だけのことなのだ。

報道などを含むそれぞれの公開情報は、他のどのような情報と組み合わされ、どのように分析されるかによって、重要な意味が浮かび上がるかどうかが決まる。ただし、こうした分析をさらに正確にするためには、それを裏付ける情報も必要になる。

ここで、残り一〇パーセントが必要になる。人に会って話を聞くこともその一部だ。ヒューミントと言うと、ハニートラップなどの違法な活動をイメージしがちだが、全てが違法工作という訳ではない。

この残り一〇パーセントの中に、サイバー攻撃による情報収集が含まれる。サイバー攻撃による情報収集の手段も、サーバーにアクセスしてファイルを盗み出すものから、ネットに接続しているコンピュータ端末などを操作して周辺の様子を隠し撮りしたり盗聴したりして情報を収集するものまで、さまざまである。

また、サイバー攻撃は、単なる情報収集だけではない。サイバー攻撃による物理的な破壊も可能なのだ。そして、近年、米国が中国のサイバー攻撃を激しく非難している。中国のサイバー攻撃が活発化しているのだ。

中国のサイバー攻撃はどのようなものなのだろうか？　その目的は何なのだろうか？

先にも述べたように、中国の軍事戦略は、軍の装備品、運用、そして国内状況に基づく対外政策に表れる。公開される情報に制限のある中国の意図を理解するためには、一つ一つの情報を克明に追いかけ、つなぎ合わせる必要がある。まさにインテリジェンスの手法である。

中国は何をしたいのか？　日本にとって脅威になるのか？

この根本的な疑問の答えを得るために、まずは米国が第五の戦場と呼ぶサイバー空間で、中国が行っていることを追うことにしよう。

第二章

サイバー攻撃は中国軍が関与しているのか?

サイバー攻撃は武力侵攻

二〇一三年九月一七日、米国セキュリティーソフト企業であるシマンテック社が発表した報告書「セキュリティー・レスポンス」は、中国を拠点とする高い技術を持ったハッカー集団の存在を指摘した。当該ハッカー集団は、インターネット検索のグーグル社および米軍需産業のロッキード・マーチン社にも侵入したという。

同年二月一九日に米国情報セキュリティー企業のマンディアント社が発表した報告書「APT1:中国のサイバー部隊を暴く」は、中国人民解放軍総参謀部第三部二局に所属する上海所在の六一三九八部隊の概要、対米サイバー攻撃への関与およびその方法を詳細に述べている。

中国によるサイバー攻撃は、米国で深刻な問題になっている。六月七日の米中首脳会談においても、バラク・オバマ大統領は、習近平主席に対して、米国に対するサイバー攻撃に中国政府が関与していると非難している。

これに対して、習主席は、中国もサイバー攻撃の被害者であり、サイバー・セキュリティーの分野においては米中が協力すべきだと主張する。米中の主張は真っ向から対立している。

最近、「サイバー攻撃」や「サイバー・セキュリティー」といった言葉が話題に上る機会が増えたが、そもそもサイバー戦とは、どのような戦闘様相を見せるのだろうか?

実は、サイバー空間を用いてできることは非常に多い。サイバー攻撃によって物理的破壊をもたらすこともできる。例えば、二〇一〇年一一月にイランのウラン濃縮施設を機能不全に追い込んだのは、米国およびイスラエルが共同開発したとも言われる「スタックスネット」というマルウェアである。このマルウェアが、遠心分離機の回転速度を制御するプログラムに影響を及ぼしたのだ。これにより、イランの核開発は数年遅れたと言われる。

二〇一一年六月四日、ゲーツ国防長官(当時)が「サイバー攻撃を『戦争行為』とみなす」と発言したのは、米国自身、サイバー攻撃が持つ可能性を理解していたからだ。米国は、電気、水道、ガスなどの重要インフラもサイバー攻撃によって破壊され得ることに神経を尖らせている。

また、米空軍は、自らが保有するUAV(無人航空機)の管制システムがウィルスに感染したことを認め、イランは米軍のUAVを乗っ取って着陸させたと主張している。UAVのコントロールを乗っ取ることができるとすれば、他国軍が保有するＵＡＶを操縦して、情報収集あるいは攻撃さえも実施できるということだ。

サイバー空間は、能力と意図を持つ者に無限の可能性を与えるとも言える。

さらに、情報収集のためのサイバー攻撃も多発しており、日本でも馴染み深い。とは言え、サイバー攻撃による情報収集は、侵入したネットワーク内の情報を盗むという手段にとどまらない。

さらに進化したスパイ用マルウェアも開発されている。「フレーム」はその一つだ。「フレーム」は、二〇一二年五月に、ロシアの情報セキュリティー企業であるカスペルスキー社によって発見された。感染したコンピュータ端末は、ネットワークを介して行われる情報交換を記録し、表示画面のスクリーンショットを撮り、内蔵マイクやカメラを操作する。

端末上の作業や、室内の状況が手に取るようにわかるということだ。また、こうした情報収集用のマルウェアをロシア企業が発見したこと自体、サイバー戦が各国間で繰り広げられていることを示す一端でもある。

しかし、米中の各種オペレーションが、すでに「サイバー空間において正面から衝突している」というイメージは、実際と少し異なる。米中サイバー戦は、実は非対称戦である。非対称であるのは、サイバー攻撃を行う目的が異なっているからだ。

米中によるサイバー攻撃に対する相互非難の内容を見てみると、その違いがよくわかる。米国政府は中国のサイバー攻撃を非難し続けてきたが、ＣＩＡ（中央情報局）およびＮＳＡ（国家安全保障局）局員として米国政府の情報収集にかかわってきたエドワード・スノーデン氏の暴露を受けて、中国は、米国はダブル・スタンダードであると主張している。

しかし、二〇一三年六月一四日付の『フィナンシャル・タイムズ』の言葉を借りれば、「この主張には異議を唱えなければならない」。なぜなら、「米国と中国はどちらもサイバー攻撃に関与しているものの、その活動内容には大きな差がある」からだ。

その差とは、米国は主に国家の安全を守る情報の確保に力を入れている一方、中国の活動の大部分は軍が行い、欧米企業からの知的財産の窃盗を含んでいることを指している。欧米企業は知的財産の窃盗こそが問題だと考え、米国はビジネスの侵害を非難しているのだ。

極端に言えば、国家の安全を守る情報収集のためのサイバー攻撃は、問題ではないということでさえある。欧米諸国にとって、国家安全保障にかかわるサイバー攻撃は、常識であるということかも知れない。実際、二〇一二年五月に、クリントン国務長官（当時）は、米国によるイエメンへのサイバー攻撃を自ら公表している。

国家の安全を保障するためには、とり得る手段は全てとる。サイバー攻撃はその手段の一つに過ぎない。しかし、先進技術は高額で取引され、知的財産権の窃盗は企業の権益を大きく損なう。そのため、米国は中国による技術の窃取を問題にしている。安全保障は金になるのだ。

米国のサイバー戦自体、巨額の予算の上に成り立っている。二〇一三年五月三一日付の『ウォール・ストリート・ジャーナル』は、米国の予算削減後も、諜報関連予算でワシントンDCが好景気に沸く様子を伝えている。高級住宅は多くがＩＴ長者の住居となり、高級外国車が飛ぶように売れているという。

また、ボーイング社やロッキード・マーチン社など、軍需産業のIT部門の社屋は、NSA（サイバー空間を用いて情報収集を行っていると言われる）のすぐ傍らに建っている。ワシントンで活躍する研究者たち（彼らの多くは政権での経歴を持っている）は、「彼ら（軍需産業）がどこを見て仕事をしているのかは明らかだ」と言う。

軍需産業側も、サイバー・ビジネスに傾倒していることを隠そうとはしない。ボーイング社のスタッフは、「いまや、航空ビジネスよりサイバー・ビジネスのほうが大きくなっている」と述べている。しかも、米軍需産業がサイバー・ビジネスに力を入れるのは、いまに始まったことではない。

二〇〇一年一〇月に、ロッキード・マーチン社は、連邦政府向け大手ITソリューション・プロバイダーのOAO社の買収を発表した。年商二〇億ドル（二〇〇〇年度）の子会社、ロッキード・マーチン・テクノロジー・サービス社を強化するためだ。

同社は、二〇〇三年にも、政府向け技術開発企業準大手のタイタン社を買収すると発表している。増加する政府系技術予算獲得が目的で、同様の買収を継続している。米国では、武器装備品に関する予算が制限される一方で、サイバー関係予算は増加しているのだ。

サイバー・オペレーションは、自国の安全保障にかかわる情報を収集するだけにとどまらない。例えば、米軍のUAVの運用にしても、米国本土の建物の一室から、数千キロも離れた中央アジアを飛行するUAVをコントロールしている。

電波到達圏外にあるUAVは、衛星を用いたネットワークによって、指揮、通信、情報のやりとりが行われているが、米国本土のコントロール・ルームに座るパイロットは、モニター画面や飛行状態を示す計器などを見ながらＵＡＶをコントロールする。テレビ・ゲームのようなものだ。しかし、その先には、実際に目標を攻撃可能な兵器が存在している。

米軍が進めるネットワーク・セントリック・オペレーションは、種々のシステムを一つのシステムに統合（システム・オブ・システムズ）して、広範囲の戦闘ネットワークを構築し、広い地域で生起する事象に対応するリアクションタイムの短縮と戦闘の効率化を図るものだ。

こうしたネットワークを用いたオペレーションが発展すれば、サイバー空間における活動はますます重要になり、同時にサイバー攻撃の対象となる。情報収集だけでなく、実際に敵の戦闘能力を低下させるために行われるサイバー攻撃である。

では、最近、メディアを賑わせることも多い、中国のサイバー攻撃はどのような性格を持っているのだろうか？　一般に、中国のネットワーク・システム関連技術は高くないが、なぜ、中国のサイバー攻撃が取り沙汰されるのだろうか？

中国の情報戦――ハニートラップはＫＧＢの贈り物

中国が最も欲している情報が技術情報であることは、サイバー攻撃に関する組織からも見て取れる。サイバー攻撃の主役とされる第六一三九八部隊は、シギント（シグナル・インテリジェンス）を担当する総参謀部第三部二局に所属するが、この総参謀部第三部は技術偵察部である。

総参謀部第三部はサイバー・エスピオナージ（サイバー空間を用いたスパイ活動）を実施するが、映画などで見るようなスパイが所属している組織ではない。収集するターゲットは、あくまで技術情報が主なのだ。

一般に情報部と呼ばれるのは総参謀部第二部であり、主としてヒューミント活動に従事している。監視や聞き込み、あるいは対象となる人物との接触など、人から得られる情報を収集する活動である。いわゆる「工作員」と呼ばれる情報員（スパイ）がいて、外国人などから情報を収集する組織である。日本で話題になるハニートラップは、この部門の管轄になる。

中国のハニートラップと言えば、二〇〇四年五月に、駐上海日本国総領事館の通信担当の事務官が自殺した事件が有名である。カラオケ店の女性との不適切な関係をネタに中国の情報収集組織から情報提供を強要され、これを拒否して自殺したとされる事件だ。

中国で「日式（日本式）カラオケ」と言えば、個室で、客の一人一人に若い中国人女性がつくカラオケのことだ。ちなみに、中国人が男女の友人たちと遊びに行く「一般的なカラオケ」は、「日式カラオケ」と区別して「KTV」とも呼ばれる。

カラオケは、店によっては売春の温床にもなっている。北京でカラオケ店にいる女性を愛人にするには、二〇〇四年当時でも、月に二万元（日本円で約三〇万円）必要だと言われていた。ちなみに、スナックの女性だと一万元だったという。

「日式カラオケ」は、その名のとおり、主として日本人男性を客とするカラオケ店だ。北京や上海など日本人駐在員や出張者の多い都市には、「日式カラオケ」店が数多く存在する。さらに、日本人相手に性的サービスを提供するマッサージ店なども多い。

それだけ、日本人が多く利用しているということだ。中には、出張で北京首都空港に到着した途端にカラオケの女性に電話をする日本人もいる。こうした電話を受けた女性たちは、「日本人は何しに中国に来ているのだ」と笑っていた。企業名や個人名も教えてくれる。こちらとしては、がっかりするのであまり聞きたくはなかったけれど。

中国では、法律で、女性が一人一人の客の隣に座ってサービスすることは禁じられている。女性は、給仕のために一部屋に一人と定められている。違法であることは店側も承知しているがゆえに、入り口には見張りを立てて、公安が取り締まりに来たときに先に客を逃がすのだ。

さらに、こうした店は公安と「良い関係」を保つことによって、いわゆる「目こぼし」を受ける。公安ににらまれた店は、見せしめのように不意の取り締まりを受けることもある。

しかし、公安と良い関係を持っている店も、店の入り口や店内の通路の様子はビデオ録画することが義務付けられている。これら録画は数か月間の保管義務もある。誰がどういった店に行っているのか、中国当局は簡単に把握することができるだろう。

違法とされる「日式カラオケ」だが、ここで働く女性たちは人民解放軍にも貢献している。軍の部隊の慰問に出かけることがあるのだ。中国では、辺境にいる部隊に歌舞団が慰問に訪れる様子が報道されることも多い。

党/軍の中央が、いかに末端部隊まで気にかけているかを示すためである。歌舞団は各軍区ごとにあり、外国軍の代表団が軍区を訪れた際にも、歌や踊り、さらに雑技などを披露する。当然

歌舞団は、外国の軍の代表団が軍区を訪れた際にも、歌や踊り、さらに雑技などを披露する。当然のように、若い美女も多い。（2004年2月、武官団広州軍区視察）

のように、若い美女も多い。

しかし、歌舞団の数は人民解放軍の末端部隊の数に比べて圧倒的に少ない。辺境部隊の慰問はニュースになるが、都市部の部隊への慰問はニュースにもならず、歌舞団の手もまわらない。そうすると、都市部の部隊に対する慰問は、地域のボランティアに頼ることになる。

このボランティアに応募するのは大部分が年配の女性である。北京の部隊にいた若い将校が、自虐的に、「慰問団のほうが、若い兵隊たちを見て目をぎらつかせている」と言ったことがある。これでは、部隊に対する慰問にならない。

そこで、カラオケ店に声がかかる訳だ。カラオケ店にいる女性は、若く、そして美しい。そして中には、高い歌唱力を持つ女性もいる。特に、流行歌ではなく、民歌と呼ばれる中国伝統の歌が歌える女性が選ばれる。

ボランティアの慰問団の中でも、カラオケ店の女性が登場すると、若い兵隊たちの目の色が変わる。男性が若く美しい女性を好きなのは、万国共通のようだ。若い兵隊たちを監督している若い将校の中には、こうした女性の携帯電話の番号を聞く者もいる。

「日式カラオケ」店は、店の営業に支障が出ないように、公安などの部門と積極的に良い関係を作ろうとする。その中には、公的機関が欲する情報などを提供することも含まれている。

二〇〇四年に上海で起きた事件が、人民解放軍総参謀部第二部によるものなのかどうかを特定する証拠はない。ヒューミント活動を行うのは、軍だけではない。日本や他の国と同様、警察組織である公安部も情報収集を行う。また、中国には安全部という強力な組織もある。

ただし、いずれの組織が実施したにしても、この事件は北京にある各組織の中央部が指揮したオペレーションのようには見えない。情報が取れずに情報収集対象者を死亡させるのは、情報収集オペレーションとしては失敗である。当時、北京にいた公安関係者は、「自分たちなら、対象を殺すようなへまはしない」と言っていた。彼の言うとおりだ。本当に情報を取りたいのであれば、対象を追い詰めるまで脅迫するより、女性を使って聞き出すほうが、確率が高い。

そもそも中国では、経済力のある男性が妻以外の多くの女性と関係を持つのは特別なことではなかった。関係を持つ女性が多いということは、自らの経済力を誇示することになり、また、英雄扱いされることさえある。二〇一四年三月に汚職で逮捕された人民解放軍総後勤部副部長が、過去に自らの異性関係を自慢していたのは、そうした意識の表れである。

また、中国では、魅力的な異性は相手を取り込む手段として使われてきた。中国で、「不適切な異性関係」が脅迫などに使われるようになったのは、ＫＧＢのせいだと言われる。冷戦終結後、職を失った多くのＫＧＢ職員が中国に流れ込み、ソ連流の情報収集法を伝授した。「不適切な異性関係」に関する情報を用いて恫喝するタイプの「ハニートラップ」は、この中に含まれる。

また、中国国内でも、現在に至るまで、高級幹部の汚職摘発には若く魅力的な異性との「不適切な関係」がセットになっていることが多い。

こうした「不適切な関係」が暴かれるのは、「政治的に誤っている」とされるからだ。本人の存在が、指導者にとって不利に作用しない限り大きな問題にはならない。しかし、一度、「政治的に誤っている」とされると、「不適切な異性関係」も追及される。

ここで、大衆の妬みが利用される。摘発された人間が関係を持っていた異性が若く魅力的であればあるほど大衆の妬みは強くなり、「政治的に誤っている」敵を厳罰に処するのに、大衆の後押しが期待できるという訳だ。

上海で生起したヒューミント事案に話を戻せば、当時、北京で人民解放軍総参謀部の参謀が、「対象者を自殺に追い込むような強引なやり口は、中央の情報工作員のやり方ではない。地方の連中が功を焦ったのだろう。中央の人間ならもっとうまくやる」と述べたことがある。

優秀な工作員は、対象者から必要な情報を取り続けられるように、上手に対象者を取り込む。こうした手法は、中国では数千年にわたって実践されてきた。対象者にとって不都合な事象をネタにあからさまに恐喝するという手法の「ハニートラップ」は、中国では新しい手法だとも言える。

中国人の異性と関係を持った日本人全てが情報収集の対象として中国情報部門の罠にはまった

という訳ではない。大半は、ただ本人が自主的に異性関係を持ったに過ぎない。中国では、公安部門が実際に、日式カラオケ店や性的サービスを提供するマッサージ店を摘発している。

中には、従業員や客を拘束した後、客の中に予期せぬ外国人外交官がいて、公安部をとまどわせることもあった。公安部が外交官に関する事案を処理するためには、外交部を通さなければならない。手続きが非常に面倒くさいのだ。公安部は外交官に関する事象を扱いたがらない。

こうした摘発だけではなく、交通事故などにおいても同様である。交通事故に遭って公安を呼んだ際、到着した警察官は外交官ナンバーの車両を見るなり、相手に向いて「お前が悪い」と言って、一方的に弁償などの措置を言い渡した。実際、停車しているところに追突されたのだが、現場で警察官が自ら過失の程度を決めて処置するのには驚かされた。

また、外交部や他の関係部門も、公安部から「違法なサービスを提供する店の摘発で外交官を拘束した」と連絡を受けても困ってしまう。「自分たちが罠にはめたのではない」と証明するために余計な手間がかかってしまうことになるからだ。

また、「〇〇省や〇〇市（地方の名称）に所在する情報収集部門のヒューミントの手法はひどいから気をつけたほうがいい」と忠告されたこともある。防衛駐在官は、部隊視察や各国艦艇の訪中行事に参加するために、中国国内各地に出かけることが多かったからだ。

実際に、出張先の地方で情報部門のものと思われる接触を受けたこともある。タクシーに乗ろうと思って一台止めると、強引にその前に割り込んできたタクシーがあった。そのタクシーに乗っていると、ドライバーが、「ここが、〇〇司令部」「ここが、〇〇部隊の基地」などと説明するので、なぜそのような説明をするのか尋ねると、「興味があるんだろう?」と言って笑う。

また、別の機会に、地方の本屋で本を見ていると、本屋の入り口付近に若い男性がずっと立っている。中国の多くの本屋では、書籍の分類の中に「軍事」があるが、その書架の前で止まって立ち読みしていると、入り口付近にいた男性が近寄って来て何を見ているのか大げさに覗き込む。こちらを振り返ってにっこり笑い、また入り口付近に戻るのだ。

こうした行動が全て監視活動かどうかの証拠はない。しかし、「見ているぞ」という警告であると認識していたほうがいい。「違法な情報収集をするな」と言っているということは、その場で拘束するつもりはないということでもある。かえって、そうした接触が全くなくなったときは注意しなければならない。

ただ、「注意しなければならない」と気付いたときには、すでに手遅れかも知れない。そして、気を付けるのが難しいのが、通信である。携帯電話を持っていれば、居場所も特定される。電源を切ってもだめで、電池を抜かなければならない。また、メールや通話も、内容を全て把握されていると考えたほうがいい。別に、中国に限ったことではない。技術的には可能なのだ。そうした情報収集が必要だと考えている国がないはずがない。

違法にサイバー空間に侵入して情報を取る行為もまた、他者から監視されている。結局、何を見られても困らないように活動していることが大切なのだが、職業によってはそうとばかりは言っていられない。中国がサイバー攻撃を繰り返すのには理由があるのだ。

中国サイバー攻撃の特徴——主役の本来任務

サイバー攻撃の主役が技術偵察部であること自体、中国のサイバー攻撃の本来の目的が、技術情報の収集であることを物語っている。中国が技術情報、特に軍事技術情報を欲しがるのは、それらの技術を買うことができないからでもある。

意外に思われるかも知れないが、中国人は偽物が嫌いだ。金があれば、本物を、しかもハイエンドのものを購入する。私も、中身はソニーだと宣伝する中国製ＤＶＤプレイヤー（リージョン・コードにかかわらず、どの地域のＤＶＤでも再生可能）を購入しようとした際、ドライバーに「旦那が、偽物を買っちゃいけない。自分だって金を貯めたら日本製を買う」と、説教された経験がある。

中国も技術を買うことができれば、サイバー攻撃による情報窃取という手段を減らすかも知れない。実際に、英国などの大学に多額の研究資金を提供し、エンジンの開発なども行っている。しかし、いますぐ使える技術は買いたくても買えないのが現状だ。

武器を中国に輸出しているロシアでさえ、重要な技術やノウハウを中国に伝えることはない。先生がいないのはつらいものだ。

二〇一四年五月一九日、米国司法省は、中国人民解放軍六一三九八部隊所属の五人を、原子力・太陽光発電や金属分野の米大手企業にサイバー攻撃を仕掛け商業機密を盗んだとして、産業スパイなど三一の罪で刑事訴追した。

この五人が標的にしたのは、米原子力大手のウェスチングハウス（WH）社、鉄鋼大手のUSスチール社、非鉄（アルミニウム）大手のアルコア社など、米企業五社と労働組合一団体である。

この攻撃を受けたアルコア社は二〇〇八年に、取引に関する数千通の電子メールを盗まれた。同社の広報担当者は、「原材料の情報は盗まれなかった」と述べている。

USスチール社は二〇一〇年に社内システムの情報が流出した。東芝傘下のWH社は、四基の原子炉を中国で建設中だった二〇一〇年に、原子炉の配管などの設計情報を盗まれている。

盗まれた技術情報は、民間の企業秘密にとどまらない。多くの軍事技術も中国がサイバー攻撃によって米国から違法に窃取している。二〇一三年五月二七日付の『ワシントン・ポスト』は、二〇件超に及ぶ主要な米兵器システムの構造情報が、中国のサイバー攻撃によって盗まれたと報じた。この二〇件には、改良型パトリオット・ミサイルシステム、イージス弾道ミサイル防衛システム、F／A－18戦闘機、V－22オスプレイ、UH－60ブラックホークヘリコプター、F－35統合打撃戦闘機に関する情報が含まれている。

二〇一四年七月一三日、米太平洋空軍のカーライル司令官は、横田基地で日本メディアのインタビューに答え、「米軍の技術は、かつては中国をはるかに凌いでいたが、もはや状況は異なっている」と述べ、中国によるステルス戦闘機の開発に懸念を表した。

カーライル司令官は、中国が、サイバー攻撃によって先進国から戦闘機の開発技術を違法に入手し、空軍力を急速に向上させていると批判している。中国が試験飛行を繰り返しているJ－20

およびJ‐31は、米国から違法に入手した情報を基に開発されているということである。

米国の民間衛星が撮影した中国国内の画像には、米空軍のF‐117ステルス戦闘機にそっくりの機体が映し出されている。実際に飛行できる機体ではなく、模型のようであるが、中国がF‐117のデータを基に作成し、ステルスに関する研究をするのに使用していたのではないかと考えられる。

中国空軍は、二〇一四年二月二〇日、J‐20ステルス戦闘機の改良型の初めての試験飛行を実施した。外観も少し変化しステルス性が向上している他、主たる改良点は航空機エンジンであると考えられている。さらに、F‐35戦闘機と同様の電子ターゲッティング・システムが採用されているとする分析もある。

J‐20は、二〇一一年一月に初の試験飛行に成功して以来、改良と試験飛行を繰り返している。中国がサイバー攻撃によって得られた技術情報を元に開発しても、戦闘機は簡単に製造することはできないのだ。正式にロシアのSU‐27をライセンス生産しているJ‐11でさえ、その性能はSU‐27よりも明らかに劣るという。

機体を設計図通りに全てコピーしても本来の機体と同様には製造できないのだ。海上自衛隊の哨戒ヘリコプターSH‐60Jは、一号機と二号機は米国のシコルスキー社で製造された。この機体の機内は極めて静かだった。搭乗員の間では、ヘルメットをかぶらなくても機内で会話ができるのではないかと言っていたほどだ。

しかし、ライセンス生産で製造された三号機以降は、機内の騒音は以前のヘリコプターと同様になってしまった。操縦士席のドアを閉めたときの機体とドアの段差も、一号機や二号機にはなかったものである。もちろん、日本の場合は、性能は保証されている。日本の企業の技術力は高い。それにもかかわらず、機体の作り込みなどに微妙な差が出るものなのだ。

自国の科学技術を発展させない限り、技術のコピーでは、期待どおりの戦闘機を製造することはできない。しかし、うまくいかなければ、なおのこと、うまくいかない理由を知りたいだろう。また、開発が開始されてしまえば、新たに出てくる問題を短期で解決しなければならない。こうして、次なるサイバー攻撃による技術窃取を試みる動機が強くなる。

急速な軍事力増強を求められる中国人民解放軍には、自国の技術の発展を待つ余裕はない。司法省も加わって中国のサイバー攻撃に対抗姿勢を強める米国と、元局員に暴露されたＮＳＡの情報収集活動を非難し「米国が被害者を気取ることはできない」と反発を強める中国のサイバー・スペースにおける衝突は、さらに激しさを増すことになる。

カーライル司令官は同時に、「東シナ海上空を飛行する米軍機に対して中国の戦闘機が妨害するケースがたびたび起きている。いくつかの事例では、私たちが安全と思えないほど接近してきたこともある」と述べ、中国がサイバー攻撃によって違法に入手した戦闘機関連技術の情報が現実の世界に反映されていることに警戒感を示した形になった。

しかし、この状況にも、さらに変化が生じてきている。中国人民解放軍の中でサイバー攻撃に関与している他の部隊の存在が明らかにされたのだ。しかも、この部隊は、これまで明らかになっていた六一三九八部隊のように、ただ単に産業スパイを行っている訳ではないようだ。

中国のサイバー・オペレーションの実態が明らかになってくるにつれ、中国のサイバー・オペレーション能力の向上と活動範囲の広さも明らかになってきた。米国は、この状況を簡単に受け入れることはできない。米中のサイバー・スペースにおける衝突は、サイバー・スペースを飛び出して、現実の社会に存在するアクターをあぶり出し、その実態を明らかにしつつある。

中国軍六一三九八部隊の五人の将校が起訴された二〇一四年五月一九日の記者会見に現れたホルダー米司法長官は、「もう、たくさんだ」と、怒りを露わにした。

米国は、米中サイバー戦を新たなステージに引き上げたと言える。これまでは、中国のサイバー攻撃を非難するのは米国務省と国防総省だったが、司法省が前面に出てきたからである。中国に対する反撃はハードルが高いが、米国の国内法を使って法的に対処する手段に出たのだ。

司法省による法的対処をとるということは、中国に対してサイバー攻撃を用いた産業スパイの実態を全て把握しているということを示すことになる。起訴するためには、十分な証拠が必要とされるからだ。米国は、サイバー・スペースの中で蠢く、米国に対するサイバー攻撃を実施するアクターを、サイバー・スペースから、現実の社会に引っ張り出したのである。

さらに、同時期、米国のサイバー・セキュリティー企業であるクラウドストライク社は、サイバー攻撃に関与している人民解放軍の別の部隊を特定したと公表した。公表された部隊は、上海に基地を置く六一四八六部隊である。この部隊は、人民解放軍総参謀部第三部一二局に所属しているが、サイバー攻撃の目的が単なる産業スパイではないようだ。

同報告書によれば、六一四八六部隊は、米国の通信部門や宇宙部門にアクセスしていた。中国の関心が、単独の武器装備品の技術にとどまらず、通信・情報ネットワークに関する技術や構築ノウハウにも広がっていることを示すものだ。

中国は、武器装備品の近代化を進めてきたが、未だシステムやネットワークといった分野はウィークポイントとなっている。近代戦はビークル単体の戦闘ではない。ビークルや衛星などから構成されるネットワークが戦闘の根幹になっている。米国が進める、ネットワーク・セントリック・オペレーションである。

そして、ただ単に関心を示して情報収集するだけでなく、敵の戦闘ネットワークに侵入して情報のやりとりを阻害すれば、敵を戦闘不能に陥れ、あるいは戦闘能力を著しく低下させることも可能なのだ。

サイバー空間における活動が活発化し、その重要性を増す現在、サイバー攻撃が実際の戦闘能力に及ぼす影響もますます大きくなっていると言える。

米国が中国のサイバー攻撃を非難する理由

二〇一四年七月九日に北京で始まった米中戦略経済対話において、ケリー米国務長官は、中国のサイバー攻撃を強く非難した。米国に対する中国のサイバー攻撃が止まらないからだ。しかも、そのサイバー攻撃は、中国が国家がらみで行っているものだ。人民解放軍がその主役である。

米国は、中国がサイバー攻撃を止めないことに苛立っている。しかし、それでも米国は、対話によって中国のサイバー攻撃を止める努力を続けてきた。

米国と中国は、二〇一三年四月、サイバー・セキュリティーの作業部会を設立することで合意している。ケリー米国務長官の訪中時に合意に至ったものだ。

米調査会社が、同年二月に報告書の中で、「米国企業の情報を中心に中国軍が大量のデータを盗んだ」と指摘したのを契機として、米中両国はサイバー攻撃をめぐって互いに批判を繰り返していたが、双方ともにサイバー攻撃の問題を解決する必要を認識していたのだと言える。

しかし、対話によって解決しようとした問題意識は、米国と中国の間ではズレがあるように見える。その差は、双方の主張の中に見ることができる。

北京を訪問中だったケリー国務長官は、「サイバー・セキュリティーは、飛行中の航空機、ダムの水流、輸送ネットワーク、発電所、金融セクター、金融取引など、随所に影響を及ぼす。そのため、我々はサイバーに関する作業を早急に始める」と述べている。

サイバー攻撃に対する米国の懸念がどこにあるのかを表現した形だ。ここでケリー国務長官が述べているのは、米国がサイバー空間を第五の戦場と呼ぶ理由でもある、サイバー攻撃によるインフラ設備の破壊である。

しかし、ここで述べているのは、米国の一般的なサイバー・セキュリティーの概念である。中国のサイバー攻撃に関して米国が問題にするのは、インフラ設備の破壊だけではない。

米通商代表部は同年五月一日、知的財産権の保護に関する年次報告書を公表した。年次報告書は、中国による米企業を標的にしたサイバー攻撃について「懸念が一段と高まっている」と警戒感を露わにした。中国が組織的に米国企業の機密を盗んでいる恐れが高いとも指摘している。

年次報告書は、知的財産権の対外制裁に関する条項を定めた通商法スペシャル三〇一条に基づいて公表されたものだ。米国で報道機関や企業へのサイバー攻撃で機密が窃取される事件が相次いだのを受け、中国に対する厳しい批判となった。

さらに、「中国内の犯罪当事者らが米企業のシステムから機密窃取するために訓練され、かつ目標を絞った行動に関与している」と指摘し、特に中国軍部や中国政府に所属する者が「おびただしい数の米国企業のコンピュータシステムに侵入し、知的財産を含む多くの機密を窃取した」ことを非難している。

その上で、機密窃取事件を深刻な国際法違反と受けとめず「商業上の摩擦」との認識しか持っていないと、中国指導部を厳しく批判した。米国が、中国がサイバー攻撃によって米国企業の秘密を窃取していることについて、中国政府や軍の関与が極めて重要な問題だと認識していることを示したのだ。

こうした米国の非難に対して、中国は、中国国防部が米国からのハッキングに晒されていると して、米国が中国に対してサイバー攻撃を行っていると主張している。そこで、中国が米国に求めるのが、「サイバー・セキュリティー問題を喧伝するのを止める」ことである。

中国の言い分は、「米国がやっているのに、なぜ中国がやってはいけないのだ」ということだ。そして、「お互い様なのだから、中国のやっていることにも口を出すな」ということでもある。

しかし、米国は、中国のサイバー攻撃が米国の活動と同様だとは考えていない。だからこそ、中国を非難する。サイバー・セキュリティーに関する作業部会に対して米中が求めるものは、最初から異なっていると言えるのだ。

この作業部会は、二〇一四年五月、中国政府によって中止が表明された。米司法省が、米企業へのサイバー攻撃に関与したとして中国人民解放軍の当局者五人を刑事訴追したと発表したことに反発したのである。

中国は、中国が求める「お互いに口を出さない」ことに、米国が同意しないことを理解したのだ。中国は、米国が中国を同等に扱わず不当に蔑んでいると考え、米国に対して苛立ち、不信感を募らせている。一方の米国も、中国が米国の意図を理解しないことに苛立っている。

米国は、自らもサイバー・スペースにおける活動を活発に行っている。この活動には、米国の安全保障にかかわる情報収集や、米国に対する脅威と認識された国・地域・グループなどに対するサイバー攻撃を含んでいる。しかし、米国にとって、中国のサイバー攻撃は一線を越えている。米国の認識では、米国のサイバー・オペレーションは、あくまで米国の安全を脅かす相手に対して、その脅威を排除するために展開されているが、中国のそれには限度がない。中国は、自らの欲望のままにルールもなく、他人の情報を盗んでいると考えているのだ。

米国は、中国に、時間も距離も国境さえも超越するサイバー空間においても、守らなければならないルールがあることを理解させようとする。しかし、中国にそれは伝わらない。

自国の安全保障に直接かかわらないサイバー攻撃は、米国にとっては単なる犯罪である。ただし、自国の安全保障にかかわるかどうかの明確な基準はなく、各国の判断によるものだ。米国は、米中間でこの共通認識を持ちたかった。

一方の中国にとって、米国は中国に対する脅威である。中国は、米国が中国に対して武力行使する可能性を排除しない。中国が「屈辱の百年」を過ごさなければならなかったのは、欧米が中国を蹂躙したからだ。中国には、このトラウマがある。

いや、正確には、このトラウマは利用されるのだ。一九八二年に、鄧小平が「独立自主外交」を提唱して以来、中国は、米国およびロシアに対する不信感を持ちつつも、全面戦争の危険は少ないと認識してきた。

習近平指導部が、国内問題、特に経済改革を優先するのは、中国の存続、中国共産党による一党統治の存続にとって最大の脅威が国内にあると認識しているからだ。

一方で、このトラウマは、実際の指導者たちの認識より過大に宣伝される傾向にある。国内の権力闘争が展開される際に、現指導部が自らの正統性を高めたり、あるいは、現指導部の権威を失墜させたりするために利用されてきた。

「このトラウマは利用されている」と述べたが、現実の社会の中に「屈辱の世紀」という歴史認識があるからこそ、利用できる。また、利用するために、社会の中にこうした歴史認識を植え付ける努力も継続されているのだ。

しかし、ここには家族の記憶も影響する。非常に複雑で、簡単にコントロールできるものではないが、中国はこれを利用する以外に、効果的に国民を動員する手段はないと考えているのだ。

さらに、ここには「反日」の根もある。正確な歴史かどうかはともかく、この「屈辱の世紀」

の最後にやって来たのが、同じアジアにあって長く中国に朝貢してきた日本だった。中国では、抗日戦争勝利によって中華人民共和国を成立させた、とされるのだ。

そして、対外的にも、自らの国際的常識に反した強硬な実力行使や違法行為を正当化する際にも、「相手が中国の国益を害しているからだ」、あるいは「相手が中国の安全を脅かしているからだ」といった被害者の論理が展開される。

ただ、中国は、あまりに無邪気に米国の国益を侵害している。「欧米がやっていることだから自分もやって良い」という理論に基づく行動は、欧米が認識するルールを無視している。また、米ロが中国の安全を脅かすという被害者意識は、いまとなっては国際社会には理解されにくい。米国にとって、中国のサイバー攻撃こそ、米国の国益や安全を脅かすものだ。米国企業の権益が侵害される行為は、米国にとって許せないことだ。さらに、中国が狙う技術情報の多くは、軍事装備品に関するものである。

軍事産業は、米国にとって莫大な利益を生むだけでなく、米国の安全保障にも大きくかかわっている。さらに、サイバー・オペレーションは、現在の米国の軍事行動を支える基盤になっている。米軍が世界中のあらゆる地域で戦闘を展開できるのは、世界中に張り巡らされたネットワークのおかげであるとも言える。米軍の部隊が戦闘を展開するために自分たちの正確な位置を把握できるのも、攻撃目標を探知・識別し正確な位置を獲得できるのも、GPSやその他の衛星からの情報があるからである。

その最先端にあるのが、UAV（無人航空機）による情報収集や地上攻撃だ。UAVは、米国本土の基地にある建造物の中にある一室で操縦される。テレビ・ゲームのような操作の先に、実物のUAVがいる訳だ。操縦は、GPSの位置情報と得られた情報収集や攻撃の対象とされた地点を基に行われる。

操縦のコマンドは、ネットワークを介してUAVに送られ、UAVはコマンドに従って飛行する。そして、逆方向の情報の伝達もある。UAVが収集した情報も、ネットワークを介して米国本土に送られるのだ。こうした米軍のオペレーションは、サイバー攻撃によってネットワークを通じて行われる情報伝達に支障をきたせば、根底から崩壊する危険もある。

軍事作戦だけではない。現在の先進国のさまざまな活動は、ネットワークによって支えられている。米国は、サイバー攻撃が軍事、経済、社会にもたらす巨大なダメージを理解するからこそ、限度を知らないサイバー攻撃を非難するのである。

日本はサイバー戦を戦えるか?

サイバー・オペレーションに予算をつぎ込む米国と、米国にサイバー攻撃を仕掛ける中国は、サイバー非対称戦を展開しているとも言える。一方で、日中サイバー戦は起こり得るのだろうか。残念ながら、現段階では、日本はサイバー戦を戦えない可能性もある。

日本では、二〇〇五年四月に内閣官房情報セキュリティセンター（NISC）が設置された。また、同年五月に高度情報通信ネットワーク社会推進戦略本部（IT戦略本部）に情報セキュリティー政策会議がそれぞれ設置され、二〇一三年六月一一日に「サイバー・セキュリティー戦略」を決定している。

しかし、この中で欠けているのは、やはり、外交・安全保障の視点である。日本における情報セキュリティー政策策定や関連活動は、これまで、主として各省庁の出向者から成るNISC、総務省、経産省が行ってきたという背景を考えると、これが日本の限界であるとも言える。

日本は、安全保障関連情報の収集および軍事活動を含む、サイバー空間利用の目的を明確にしなければ、具体的活動内容および覚悟すべきリスクの範囲を決定できない。また、サイバー戦や情報・諜報オペレーションには多大なコストがかかることを理解しなければならない。

米国のサイバー・オペレーションの専門家は、日米の協力の必要性を強調するが、一方で、日本のサイバー・オペレーションは、未だそのコンセプトが固まっておらず、具体的な協力の内容、特に安全保障面における協力の内容を議論できる段階にはないという。

東日本大震災の捜索救難活動や物資輸送活動などにおける自衛隊の活躍は目覚ましかった。現場の自衛官たちの献身には頭が下がる。

一方で、情報の共有には大きな問題があったとされている。当時、内閣官房では、FAXで届くさまざまな情報について、FAX用紙を情報ごとに仕分けするだけで一日の仕事が終わったとも言われる。誇張はあるにしても、情報処理の難しさを示すものだ。

自衛隊の物品輸送の拠点には救援物資が続々と集まってきた。輸送兵力もスタンバイしている。しかし、最も重要な情報が不足していた。どの避難所でどのような物資が必要とされているのかという情報である。一刻も早く、物資を必要としている人たちに運びたい現場の自衛官たちは、積まれた物資を見て、悔しい思いをしたという。

これに対して、米軍のオペレーションは別世界であった。米兵の多くは日本語が流暢ではないが、避難所で情報収集するために「御用帳」と表紙に書かれたノートを持参していた。話せなくとも、物資のリストが記載された御用帳を渡されれば、欲しいものに印をつけるだけでいい。

米軍はこうした情報を、地点情報と併せて、全て米本国で処理し、統一されたフォーマットで電子地図上に被せていった。こうした情報は、日本の東北地域では、米軍の兵士が携帯するタブレット上に示されていたのだ。

この日米の差は、自衛隊の能力が低いことを意味しているのではない。根本的に日本にはそうした情報共有の仕組みがないのだ。内閣官房には災害に対応するためのシステムがあるはずだが、システムとして十分に機能していないのだと考えられる。自衛隊や警察、消防など、他の機関のシステムとの情報交換ができなければ、能力の高いコンピュータは宝の持ち腐れである。

システム間の情報交換ができない理由の一つには、省庁や企業による既得権益の保護があった。自社が担当するシステムの契約を他社に奪われることがないよう、特殊化する傾向にあったのだ。ただ、これは企業の責任とばかりは言えない。

官公庁の予算の在り方にも問題がある。これまで日本の予算は厳格な原価積上げ方式であった。物質的に計れるものにしか予算がつかない。情報共有の新しいアイデアなどには予算がつかないのだ。システムを購入する際には、大部分はハードウェアの価格で予算を獲得しなければならないという意味である。

実は、原価積上げ方式による予算の弊害は、武器にも及んでいる。デジタル化を進めれば、小型高性能の武器が購入できるが、ハードウェアの部分の価格は、アナログの装備とは比較にならないほど低くなる。そうすると、いかに優秀な武器であっても、企業は利益にならないデジタル化された装備に関心を示さない。

システムの構築に当たっても、ソフトウェアはおまけとしてハードウェアに載せられることさえあったと聞く。これでは、システムを複雑にして高価にしないと十分な予算が獲得できない。

現在では、こうした問題が認識され改善され始めている。システムを製造する企業が、オール・ジャパンで新たなアイデアに基づく情報共有可能なシステム構築の必要性を訴え始めている。また、予算についても原価積上げ方式が見直されつつある。この弊害が排除され、新しいアイデアや機能に予算がつけば、システムの情報共有の方法は画期的に変化する可能性があるのだ。

しかし、他にも問題はある。日本の省庁には、未だに「クローズド・システムの神話」が生きている。システムを外部ネットワークに接続しなければ、サイバー攻撃の脅威から免れ、安全であるという考え方である。

確かに、米軍と一部装備を共有し、有事には共同作戦することを前提にしている自衛隊にとって、特に米軍に関係する情報の保全は極めて重要な事項である。

実際、二〇〇七年に生起した日本のイージス情報漏洩事件は、日米同盟に動揺を与えた。当時、海上幕僚監部にいて、日米同盟が崩壊するのではないか、海上自衛隊という組織がもたないのではないかと感じるほどだった。

日米同盟は、一般に考えられているように、自動的に良好な関係が維持されているものではない。自衛隊の諸先輩の努力の上に成り立っているのだ。現場での自衛隊と米軍の交流を通じて、制度だけでは成し得ない良好な関係を構築してきたのである。

イージス情報漏洩事案後、米海軍の中でも、海上自衛官と良好な関係を有していた将校たちが、日米関係の維持のために多大の努力を払ってくれた。彼らの中には、米国内での論争で対立し、「多くの友人をなくした」と言っていた者もいる。彼らがいなければ、日米同盟が現在のような形のまま残っていたかどうかさえわからない。

日米同盟の脆弱性もさることながら、情報漏洩は、それほどにインパクトが大きい。自衛隊が情報保全を第一に考えるのは当然である。秘密保護法案の必要性もここにある。

ただ、それでも、「クローズド・システムの神話」は間違っている。まず、クローズド・システムが完全に安全であるということはない。いかなるシステムであっても、バージョンアップなどの際にプログラムに外部からの接触が起こる。それが、CDなどの媒体によって書き換えられるのであってもマルウエアの侵入は起こり得る。

現実に、米空軍のUAVシステムが誤作動を起こしている。米空軍は、プログラムの改修の際に、書き換えた新しいプログラムにバグがあったと公表した。イランは、米軍のUAVのコントロール・ネットワークに侵入して、UAVを強制着陸させたと主張している。

さらに、システムは、処理すべきデータや情報を入れなければ、ただの箱に過ぎない。システムを使用する際には、必ず外部からの入力が必要になるのだ。外部からのデータの入力がある限り、サイバー攻撃の可能性はゼロにはならない。

そして、何より、クローズド・システムが処理できることは極めて限定的である。他のシステムと情報共有しなければ、システムの可能性を自ら制限してしまうのだ。

本来、情報保全は、先に実施すべきオペレーションがあって、何をどう守るかが決められるものである。情報漏洩を恐れるあまり、システムやネットワークを有効活用しないのは、本末転倒であると言える。

そして、さらに高い壁がある。電波法が定める周波数の割り当てだ。自衛隊がオペレーションに利用できる周波数帯域には大きな制限があるのだ。総務省は、携帯電話やテレビなどの商用に多くの周波数帯を割り当てている。自衛隊が使用できる周波数帯はごくわずかだ。

自衛隊が任務で使用できる周波数帯では、音声でのやりとりがやっとである。現場写真などの画像データを送信したら、一枚送るのにとんでもない時間がかかる。画像の送付だけで、長時間、他の通信ができなくなってしまうということである。米軍のような情報共有は夢のまた夢なのだ。

東日本大震災の教訓を得て、陸上自衛隊は新野外通信システムを導入した。一部仕様を変えるだけで民用にもなる優れものだ。このシステムを各自治体も装備しておけば、災害が発生して、電話やインターネットといった通信手段が失われた後も、自衛隊の通信・情報ネットワークを利用することができる。しかし、このシステムも、ほぼ音声による通信しかできない。情報共有にはまだまだ大きな壁がある。

米軍ではすでにＣ４ＩＳＲからＣ５ＩＳＲへの移行が進んでいる。コンバットシステムのＣが加えられたのだ。平時の情報収集・偵察から攻撃までがシームレスに短時間のうちに行われるということである。一方で、日本は必ずしも米軍と同等のＣ５ＩＳＲ能力を有する必要はないという側面もある。日本は自らのオペレーションに即した能力を構築すべきだ。

陸上自衛隊は、地方自治体等と地理的情報を共有するため、陸上自衛隊が使用しているグリッド線が記入された地図を公開した。これは画期的なことだ。地元の者でなければ、その地域での呼称から地点を特定するのは難しい。しかし、共通のグリッド線が入った地図を使用すれば、地点ではなく、どのマスにあるのかを数字やアルファベットを用いて情報交換できるようになる。

日本でも、災害などに対して、迅速、効果的にオペレーションを展開するためには、各省庁、各機関を超えた情報共有が不可欠である。そして、各省庁、各機関はそれぞれに通信システムなどを有している。あとは、情報共有を実現するための仕組みだ。

キーワードは、「統合」と「可視化」である。いかに情報を統合し、必要な情報を人間が理解しやすい形で伝達するかによって、人間が判断するのに必要な時間を大幅に短縮させることができ、より正しい判断を可能にさせる。正にアイデアが求められているのだ。

サイバー空間使用の可能性は無限にある。日本は、ただ単純に現有の情報を守るだけのサイバー・オペレーションにとどまらず、サイバー空間の可能性を活かしたいのであれば、軍事作戦を含め、サイバー空間をどのように利用するのかを決定しなければならない。

さもなければ、何を何から守るのかさえ明確にならない。これでは、今後ますます発展する、ネットワークを用いたオペレーションの中で、サイバー戦を戦うことはできないのではないか。日本企業の技術力は極めて高い。しかし、これらの技術をどう使うかは、オペレーターのアイデアにかかっている。

［用語解説］

【シギント（SIGINT）】シグナル・インテリジェンス（Signals Intelligence）の略。電波信号を収集して得られる情報、あるいはその活動。同じく電波を収集しても、その通信の内容自体を情報とするものをコミント（COMINT：Communication Intelligence）という。

【ヒューミント（HUMINT）】ヒューマン・インテリジェンス（Human Intelligence）の略。人をソースとした情報、時には情報収集活動を言う。

【マルウェア（Malware）】Malicious（悪意のある）とSoftware（ソフトウェア）から成る造語。不正な手段でコンピュータに侵入して有害な動作を起こすソフトウェア等を指す。

【C５ＩＳＲ】Command, Control, Communications, Computers, Combat Systems, Intelligence, Surveillance, and Reconnaissanceの頭文字をとったもの。それぞれ、指揮、統制、通信、コンピュータ、戦闘システム、情報、監視、偵察の意味。C４ＩＳＲに戦闘システムが加えられた。

第三章

なぜ中国は防空識別圏を公表したのか？

尖閣諸島奪取の次なる一手か？

二〇一三年一一月二三日、中国国防部が、東シナ海に防空識別圏（ＡＤＩＺ）を設定すると宣言した。中国国防部によれば、正式名称は「中華人民共和国東海防空識別区」であり、略して「東海防空識別区」と呼称するとされるが、英語で言うＡＤＩＺのことであるとしているので、ここでは、中国語表記の「防空識別区」を使用するのではなく、「防空識別圏」という用語を使用することとする。

示された中国の防空識別圏は日本の防空識別圏と大きく重なっている。中国は、尖閣諸島の領

図表1　日本と中国の防空識別圏

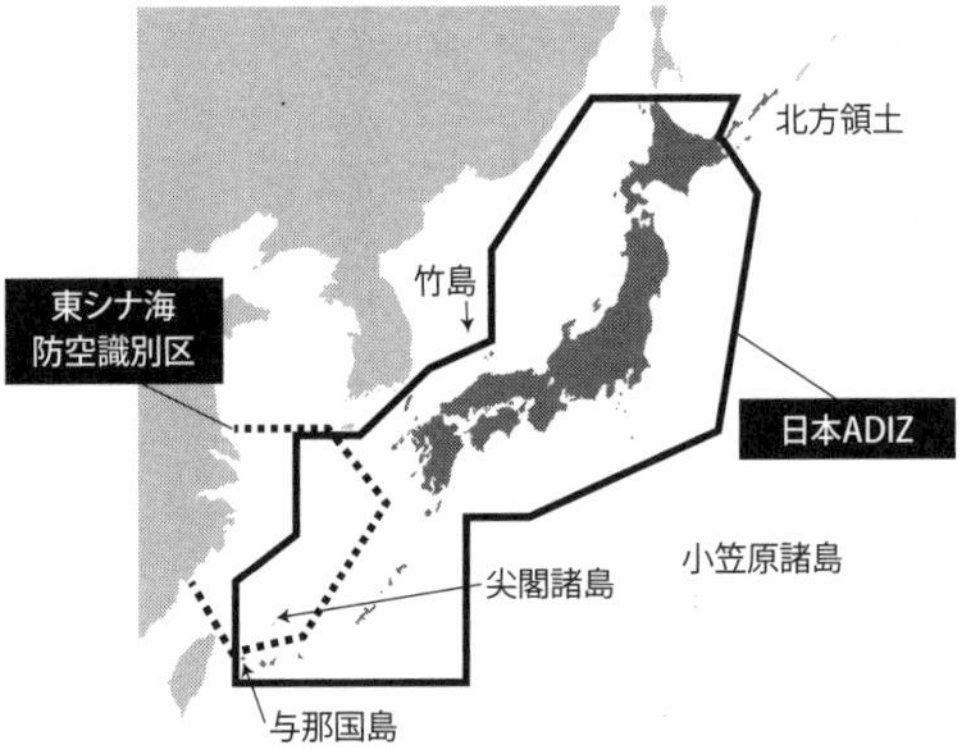

（出典）「防衛白書平成26年版」より著者作成。

有を主張しているのだから、中国の防空識別圏は、当然のように尖閣諸島上空を含んでいる。

日本に対して事前の調整もなく、日本の領土を含む範囲に防空識別圏を設定されたことに対して、日本は敏感に反応した。中国が尖閣諸島奪取に向けて動き始めたのではないかと考えたからだ。

中国では、二〇一二年九月の日本政府による尖閣諸島購入以降、「対日開戦止むなし」とする強硬派が勢いを増している。習近平指導体制は、権力移譲を済ませて発足したばかりで、権力掌握を始めたばかりだった。

日本政府による尖閣諸島購入後、中国国内の多くの都市で反日暴動が起き、中国国内の全てで反日感情が噴出したかのような印象を与えた。中国指導部は、当然のように、日本に対する激しい抗議を展開し、尖閣諸島周辺海域に海監（当時）などの海洋における法執行機関の船舶を連日のように送り込んだ。

海監などの公船は尖閣周辺の領海への侵入を繰り返し、その模様は中国国内で連日大々的に報道された。中国公船の動きは日本でも連日報道され、中国が尖閣諸島奪取のために実力行使に出るかのような印象を日本人に与えた。

中国は、日本に対してさらに「外交戦」を仕掛けてきた。中国では、安倍首相の歴史認識に関する発言などを捉え、「これは、もはや外交戦だ」という言葉を聞く。外国に駐在する中国大使などが任国のメディアを利用し、尖閣問題に絡めて「日本は右傾化・軍国主義化している」とする中国の主張を強烈にアピールし始めたのだ。

特に、英国における中国大使の日本非難は、人気小説『ハリー・ポッター』に登場する悪役を引き合いに出したことで有名になった。日本側も同様に、『ハリー・ポッター』を引用して反論している。このような舌戦が、世界中で繰り広げられたのだ。

さらに中国は、海上自衛隊艦艇の進水まで、日本右傾化および軍国主義化の証拠として取り上げた。二〇一三年八月一五日夜、私は北京のホテルでテレビに釘付けになっていた。ＣＣＴＶ新聞（中国中央電子台ニュース・チャンネル）は、「八・一五日本投降日」特集を流し続けていた。その内容を見ていて、中国側から聞いた言葉が蘇った。それは「これからは空母戦だ」である。

この特集が一六日以降も報道され続けたのは、一五日に武道館で執り行われた戦没者追悼式において、安倍首相が、アジア諸国に対する加害責任についての反省も哀悼の意も述べなかったことに対する反発からだ。

報道の中で、国会議員の靖国神社参拝、麻生太郎副総理のナチス発言、橋下徹大阪市長の慰安婦関連発言などは、全て安倍政権の日本軍国主義化の現れとされた。しかし、ここまでは想定内だった。

ニュースに釘付けになったのは、ここに、海上自衛隊の護衛艦「いずも」の進水が含まれていたからだ。これは予期していなかった。「いずも」は、平成二二年（二〇一〇年）度予算で建造が認められたヘリコプター搭載護衛艦という意味で二二DDHとも呼ばれる。

基準排水量一万九五〇〇トンである。すでに就役している「ひゅうが」級の拡大改良型で、全通甲板を有し、ヘリコプター一四機を搭載できることから「ヘリ空母」だとも言われる。

この「いずも」が八月六日に進水した。CCTVは、「いずも」という名称と進水した時期を軍国主義化の証拠として挙げたのだ。

「いずも」という名が、なぜ問題視されるのかは、日中戦争の発端となった、いわゆる「上海事変」の際に派遣された日本帝国海軍第三艦隊の編成を見ればわかる。

このときの旗艦が「出雲」なのだ。中国にすれば、中国を侵略しにやって来た日本艦隊の旗艦の名を「空母」に付けたということになる。安倍首相が、「侵略」を否定するかのような発言をし、アジアの国々に反省と哀悼の意を示さなかった、二〇一三年の夏にこの名が出現したのだ。

しかし、CCTVが言う「時期」は、これだけではない。八月六日という日を問題にしたのだ。八月六日は、広島に原爆が投下された日である。原爆投下は中国には関係がないと思えるが、「原爆投下は日本降伏の直接的要因であり、この日に進水させたのは、この恨みを晴らす意志の表れ」だと解説されていた。

しかし、そもそも海上自衛隊はそのようなことを考えたことはない。いや、実は、海上自衛隊は「いずも」進水の日を意識したと言う。八月六日を避けたかったのだ。船乗りは迷信深い。縁起の悪いことが大嫌いだ。

八月六日は、原爆投下によって広島が地獄絵図と化した日である。日本人にとって、この日は原爆によって亡くなった多くの方々の冥福を祈る日だ。このような日に、新しい艦を進水させたいと思う海上自衛官はいない。

では、なぜこの日になったのか？　それは「いずも」が大き過ぎたからに他ならない。大潮の日でなければ「いずも」は進水できなかったのだ。六日を逃すと次の大潮まで待たねばならず、以後の艤装に支障をきたす。

結局六日とされたが、午前中は、広島市原爆死没者慰霊式並びに平和記念式が執り行われており、祝賀式典などできない。午後にしてもやはり配慮したのだろう。新聞では「華々しく」と報じられたが、実際には控え目な式典だった。

一方の「いずも」という名称はどうか？　命名基準は「海上自衛隊の使用する船舶の区分等及び名称等を付与する標準を定める訓令」に定められている。護衛艦の名称は「天象・気象、山岳、河川、地方（都市名は使用しない）の名」の中から付与される。

進水時には名前が必要なので、通常は、進水式の数週間前に海上自衛隊が防衛大臣に決裁を仰ぐ。このとき、複数の候補とさらに予備の名称を準備しておく。防衛大臣にも好みや思惑があるからだ。大臣が渋ったら、「じゃ、これで」とすかさず別の名前を出す訳だ。これに遡って、海上自衛隊内での検討があるので、一カ月以上前には名前の候補が挙がっていることになる。

護衛艦の名称は、旧帝国海軍の艦艇の名称を使用することもある。日本語は豊かでさまざまな表現があるとは言え、やはり、気象、地名などには限りがあるからだ。その際、その旧帝国海軍艦艇の経歴を調べ、その艦艇が不幸な経歴を持っていれば、その名前は排除される。誰も縁起の悪い艦に乗りたくない。船乗りは迷信深いのだ。

この点、「出雲」は、英国から購入して日露戦争に参加して以来、第二次大戦終戦間際まで現役として生き残ったのだから、申し分ない。さらに、二〇一三年の「出雲」には特別な意味がある。出雲大社で六〇年ぶりの「平成の大遷宮」が執り行われた。「神のご加護」を得たいという想いがあったと想像できる。

中国の、「いずも」進水が日本右傾化・軍国化の根拠になるという主張は、日本人には理解できない。中国は、安倍首相の言動や安全保障政策、自衛隊の行動などの全てを、日本右傾化・軍国主義化というストーリーを裏付ける証拠として挙げている。

日本は、中国の対日強硬姿勢に辟易しながら、中国が実際に日本に危害を加えるのではないかと恐れてもいる。中国の尖閣諸島に対する領有権の強硬な主張は、日本に、中国が尖閣諸島を実力で奪いにくるのではないかと心配させる。

中国の防空識別圏設定は、こうした状況の中で公表された。日本が、中国が尖閣諸島奪取のための一手を打ってきたと考えても無理はない。

しかし、中国が言ってきたのは「外交戦」であって、実際の戦闘ではない。あくまで口喧嘩に過ぎない。「いずも」進水の件も、中国では「日中空母戦」とされている。「いずも」進水の直後に、訓練空母「遼寧」を出港させ、航空機の離発着訓練を実施したのだ。

しかし、「遼寧」は実際の戦闘には使えない。中国が言う「空母戦」は単なる見せ合いっこであり、日本を非難するための理由として利用しているのだ。中国が「外交戦」にこだわるのは、日本との軍事衝突を避けたいからに他ならない。

中国では、よく「日中関係は米中関係である」と言われる。もし、日中が戦争状態になれば必ず米国が参戦することを、中国指導部はよく理解している。そして、現在および見渡せる将来にわたって、中国が米国に軍事的に勝利できないことも理解されている。

さらに中国は、日中関係が悪化して以降も、常に日中経済関係だけは重視している。中国の各地方都市の経済発展は土地開発によって成し遂げられてきたが、今後とも、開発した土地への投資が必要なのだ。さらに習近平体制が進めようとする経済改革にも日本の支援が必要である。

「日本が右傾化・軍国主義化している」という主張は、中国国内の対日強硬派の論理である。この強硬派の中には、人民解放軍の一部も含まれる。対日強硬派は、すでに、日本政府が尖閣諸島を購入した二〇一二年には、「対日開戦は不可避である」と主張している。

中国国内にも、異なる主張のせめぎあいがあるのだ。そして、主張のせめぎあいは、権力闘争の様相として現れることが多い。尖閣問題を巡る中国の姿勢の中にも、日本との軍事衝突を避けたい指導部と、指導部を「弱腰」と非難して権威を失墜させたいグループの闘争の影響が現れている。

中国が防空識別圏を突然公表したのにも、こうした中国国内の政治勢力のバランスが反映されている。尖閣諸島奪取といった単純な理由ではなく、複雑な理由から行われ、複数の目的を持ったものであると考えるべきである。

その理由を理解すれば、今後、どのような事象が生起するのかを予測することもでき、どのように対応するべきかを検討することもできる。

現在の中国に、尖閣諸島奪取のために、日本に対して先に行動を起こす意図は見受けられない。しかし、中国の態度は日本を不安にさせ、中国は日本に警戒心を抱いている。日中間の相互不信は、中国国内の権力闘争にも利用される。

また、国家指導部の意思決定には、国際情勢も影響を及ぼす。防空のためのツールとして設定される防空識別圏ではあっても、単に軍事的な意味だけでなく、政治的な意味を有している。政治的というのも、対外的および国内的両方の意味においてである。

では、なぜ防空識別圏が政治的な意味を有することができ、また、中国の防空識別圏が議論を引き起こしているのだろうか？　それを理解するためには、防空識別圏の法的根拠を見ていかなければならない。

防空識別圏の法的根拠

そもそも防空識別圏は国際法に依拠するものではない。各国が、防空の目的で領空の外側に独自に設定するものである。領空ではないのだから、もちろん主権は及ばない。防空識別圏進入の報告を義務付けることはできないのだ。できるのは、要請、すなわちお願いなのである。

日本も防空識別圏を設けているが、その範囲などを定めているのは、一九六九年に発せられた防衛庁訓令第三六号「防空識別圏における飛行要領に関する訓令」である。この訓令は民間機を対象にしているのではない。

訓令の中で飛行要領を定められているのは自衛隊機のみだ。訓令の目的は、「防空識別圏における自衛隊の使用する航空機の飛行要領を定めることにより、わが国の周辺を飛行する航空機の識別を容易にし、もつて自衛隊法第八四条に規定する領空侵犯に対する措置の有効な実施に資すること」としている。

自衛隊機の飛行を把握することによって、識別しなければならない航空機を限定しようという考え方だ。さらに、民間機全てを識別しなければならない訳ではない。IFR（計器飛行方式）で飛行する航空機は、航空自衛隊が自ら識別する必要はない。

IFR機は航空路を飛行しなければならず、そのルートをフライト・プランで提出して航空管制機関の承認がないと飛行できないからだ。航空自衛隊が空域を管理していなくとも、民間航空部門との情報共有によって、航空自衛隊はIFR機の飛行情報を把握できる。

残るのは、VFR（有視界飛行方式）で飛行する航空機を含む他の飛翔体ということになる。VFR機も、飛行ルートは、概略ではあるが、フライト・プランを提出してこれを示している。航空自衛隊が最も神経を尖らせるのは、識別されていない航空機なのだ。

実は、海上自衛隊の艦載ヘリコプターはこの「識別されていない航空機」になり得る。と言うより、私は実際になったことがある。

海上自衛隊の航空機も勝手に飛んでいる訳ではない。通常は、フライト・プランも提出するし、VFRで飛行するのであれば、VFR機であることを示す信号を出して飛ぶ。ATC（航空交通管制）トランスポンダーという装置に四桁の数字を入力して、自らの飛行形態などを示すのだ。

これを他機のレーダーで見ると、輝点で示される実際の機影の外側に、円弧の形で示される。二次レーダーとも称されるシンボルである。

しかし、実際の任務や訓練の際、VFR機であることを示す信号を出さないで飛ぶことがある。EMCONと呼ばれる電波管制が設定されている場合、設定されたレベルによっては、ATCトランスポンダーをオフにしなければならないのだ。

電波を出せば、その電波を相手に探知される。艦艇にしても軍用航空機にしても、その多くが、電波を探知するための装置であるESMを搭載しているからだ。ちなみにESMは、本来、電子戦支援の手段を指す言葉だが、海上自衛隊では、特に電波探知（装置）を指す言葉として使用されることもある。

また、レーダーの探知距離の外側でも電波は探知できるため、自らが電波封止をかけていれば、敵に探知されることなく敵の電波を探知できることになる。

訓練でも、対抗形式の対水上戦訓練をしているときなどは、相手部隊に自らを探知させないようにEMCONが発令される。そうすると、ヘリコプターは何の電波も出さずに発艦して飛行することになる。

これを航空自衛隊のレーダーで見ていると、「洋上に突然、未識別の飛行物体が現れた」ことになる。しかも、訓練は領海内あるいは領海からさほど離れていない海域で行われることもあるため、万が一、この未識別飛翔体が日本に対して危害を加える意図を持っている可能性が排除できなければ、対処できる時間が極めて短いと認識されることになる。

日本には悪夢のような経験がある。ベレンコ中尉亡命事件だ。一九七六年九月六日、旧ソビエト連邦の現役空軍中尉が操縦するＭＩＧ−25戦闘機が、函館空港に強硬着陸した事件である。

このとき、航空自衛隊は、演習空域に向かう戦闘機のうちの一機がコースを外れて高度を下げたのを確認し、領空侵犯の恐れがあるとして、スクランブルをかけた。しかし、この後、地上にあるレーダーも発進したスクランブル機も、ベレンコ機を探知することができなかった。

当時の地上レーダーは、超低空を飛行する航空機を探知することはできなかったのだ。その結果、ベレンコ機は航空自衛隊に探知されることなく函館市街上空を飛行し、函館空港に強行着陸した。

航空自衛隊は、その後、超低高度を飛行する物体の探知能力を向上させる努力を続けてきた。低高度飛行で日本領空に近接する航空機には敏感なのだ。

海上自衛隊の艦載ヘリコプターが通信などの電波を発せずに発艦すれば、航空自衛隊は、突然、低高度で飛行する未識別の航空機をレーダー探知することになる。さらに、電波封止下にある海上自衛隊の航空機は、航空自衛隊から呼びかけられても回答することができない。

こうして、スクランブルをかけられることになったのだ。航空自衛隊のスクランブル機は、あっという間に近づいてくる。スクランブル機は、万が一に備えて、機関銃などの実弾を装塡している。実弾を装塡した戦闘機が高速で近づいてくるのだ。良い気持がするはずがない。

それでも、防空識別圏は、あくまで未識別の飛行物体を識別することを目的として設定されているものだ。その識別も防空のためである。領空侵犯の恐れがなければ、その航空機に対して行動を強制することはできない。繰り返しになるが、防空識別圏は領空ではなく、公の空だからだ。

米海軍のNWP1-14M（指揮官ハンドブック・海上作戦法規）は、防空識別圏について、「国際法は、各国家が、領空に接する国際空域に防空識別圏を設定することを禁じていない」とした上で、「防空識別圏の規定の法的根拠は、各国家が、領空に入る際の合理的な条件を定める権利にある」としている。

それゆえ、国際空域にある航空機でも、領空に侵入しようとしている場合には、識別を要求されるのである。それは、領空に進入する許可を得るためでもある。その手段が、フライト・プランへの記入であり、自機の位置を通報するポジション・レポートである。

米軍の航空機もまた、他国が設定する防空識別圏の規定に従うとしている。また、この条件は、平時あるいは敵対していない国家間に適用される。実際に敵対している国家間では、国際空域においても自衛のために必要な措置がとられるということだ。

防空識別圏は、あくまで、自国の領空に入る可能性のある航空機を識別するための空域なのである。戦争中あるいは実際に敵対していない限り、国際空域において実施できるのは領空に進入しようとする航空機の識別および領空侵犯の防止であって、自衛のための措置をとることはできない。

それにもかかわらず、中国の防空識別圏に関する説明が、あたかも防空識別圏に進入する際に報告を義務付けるかのような表現を用い、「報告がなければ防御的措置をとる」といった挑発的な表現を用いて軍事力行使をちらつかせているこしが、周辺国の緊張を高めているのだ。

中国は、防空識別圏の設定および運用が、国際法の規定に基づくものではなく、各国の権利に基づくものであるという部分を強調する。一種の「法律戦」であるとも言える。

しかし、ここで言う「各国の権利」は何をしても良い権利ではない。あくまで、「領空に入る際の合理的な条件を定める権利」という限定的な権利である。領空ではないからだ。これが、国際的常識である。

「国際法に依拠しない各国の権利である」と法律を逆手にとって、防空識別圏に対する認識も運用も各国によって異なることを強調しても、国際的常識に反してしまったのでは、やはり、国際社会における無法者というそしりを免れることはできないだろう。

防空識別圏設定の範囲も問題である。尖閣諸島は日本の領土であるので、この上空に中国の防空識別圏が設定されたことに対して抗議することは合理的だ。しかし一方で、隣国の領土上空で航空機の識別を行うことは日常的に行われている。

例えば、陸上国境で隣接する隣国の上空を監視・識別しなければ、領空侵犯されてからしか当該航空機を識別できないという滑稽なことになってしまう。防空識別圏を公表するのであれば、周辺国に配慮して線を引いて見せるに過ぎない。

中国の防空識別圏が尖閣諸島上空で日本の防空識別圏と重なることでスクランブル合戦が起こ

るという話も聞くが、これは理屈としては間違いである。そもそも尖閣諸島は日中両国が領有権を主張しており、その上空は両国にとって領空なのである。

防空識別圏があろうがなかろうが、領空に近接あるいは侵入されれば、スクランブルをかける理由はある。中国が防空識別圏を設定しなくとも、スクランブル合戦は起こるのだ。

後は意図の問題だ。防空識別圏の重複が問題なのではなく、双方が領有権を主張する状況こそ問題なのである。

地下都市への逃亡が許されない中国指導部

中国は二〇一三年一一月に防空識別圏の設定を公表したが、それまで中国に防空識別圏に当たるものはなかったのだろうか？

日本では、「中国人民解放軍の幹部が、二〇一〇年五月に北京で開かれた日本政府関係者が出席した非公式会合で、中国側がすでに設定していた当時非公表だった防空識別圏の存在を説明していた」と報道された。

中国では、すでに二〇一〇年には、少なくとも防空識別圏設定の計画があったということだ。しかし、考えてみれば当然のことである。中国が、防空を意識していなかったはずはないのだ。

中国は、大まかに言うと、一九五〇年代は「親ソ反米」、六〇年代は「反ソ反米」、七〇年代は「反ソ親米」外交路線をとってきた。一九八二年になって鄧小平が「独立自主外交」を提唱し、全方位の是々非々外交とも言われる外交政策をとるようになったが、中国は常に米ソ両大国に対する不信と脅威を感じてきた。

中国は、二〇一〇年に日本に対して防空識別圏を示して見せる以前から、防空のために領空外でも外国軍機に対処する必要があったということでもある。しかし、二〇〇〇年代に入っても、中国の防空能力は極めて限定的だった。

中国は、防空の必要があっても、そのための十分な能力を有していなかったのだ。一九六〇年代以降、中国が、旧ソ連の侵略に備えて北京の地下に洞窟を張り巡らしたのも、旧ソ連からの攻撃を国境の外で排除できないという認識の表れである。

しかし、中国指導部や人民解放軍は、もはや、地下都市に逃げ込んで戦おうとはしないだろう。中国に侵攻する敵軍を、圧倒的な軍事力を以て排除するための努力を続けているからだ。そして、その成果を中国国内で大々的にアピールしている。

たとえ、指導者や軍高級将校が、中国の実力を理解し、特に、米軍による経空脅威を排除することが難しいと理解していても、逃げることは許されない状況になっている。中国共産党および人民解放軍が自ら、近代化され、いかなる敵の侵攻も排除できるというイメージを国民に与えてきたのである。

中国指導部と人民解放軍は、後戻りできない。何としても、国民に与え続けているイメージに、実力を追いつかせなければならないのだ。そして、実力が追いつくまでの間、何としても、米国との軍事衝突を避けなければならないということでもある。

現代の戦争では、陸上においても海上においても、航空優勢の確保なしに勝利を収めることは難しい。戦闘に勝利するための基盤を提供するのが航空優勢であると言える。中国空軍も、敵空軍に対して航空優勢を確保しなければならない。特に、敵機が自国領空に侵入することは何が何でも避けなければならない。

敵機の領空への侵入は、即、自国領土の被攻撃につながる。そして、防空のためには、領空外で航空機を識別しなければならない。その航空機が、自国にとって危険なのかどうかを判断しなければならないからだ。ここに、防空識別圏の必要性がある。

しかし、「危険かどうか」の判断基準は、「自国の領空に進入するかどうか」である。航空機の速度は高い。領空に侵入する意図があるのかどうかを見極め、領空侵犯の意図があると認められる航空機に対応するために、広範囲の防空識別圏が必要とされるのだ。

防空識別圏内の航空機を監視するためには、広範囲にわたる目の細かい監視網が必要である。強力な地上対空レーダーも必要とされるが、低高度を飛行する航空機を識別するためには上空から下方を監視する、いわゆるルックダウン能力も必要とされる。

さらに重要なのは、探知した目標を識別し、上級司令部や実動部隊と情報をシェアする巨大なシステムとネットワークである。こうしたシステムを構築する際に、戦術思想が反映され、ノウハウが組み込まれ、技術がこれらを具現化するのである。

二〇〇〇年代、中国は、広範囲を監視するレーダー網すら十分に整備していなかった。不十分な監視網では、領空近くまで飛行する他国の航空機に迅速に対応することは難しい。どうしても単発の対処になり、毎回、バラバラの対応にならざるを得ない。常に同様の手順に則ったシステマティックな対応が難しいのだ。

それでもなお、中国も、領空に侵入する可能性のある航空機を識別するためには、領空の外側で航空機を識別しなければならない。中国がそれをシステマティックに運用していようといまいと、あるいは、地域・軍種で情報が統合されていようといまいと、空軍や海軍航空隊は、領空の外側を飛行する航空機の識別を行っていたのだ。

中国空軍が、現在でも防空識別圏の意味もオペレーションも十分に理解していないことを示唆する状況は、中国国防部自身の口から聞かれた。

中国が防空識別圏設定を公表した直後の、二〇一三年一一月末、中国国営メディアによれば、中国空軍報道官は、「中国空軍は、KJ2000のみならず、SU-30やJ-11など主力戦闘機を出動し、中国の東シナ海防空識別圏で常態化されたパトロールを行い、防空識別圏内の空中の目標に対する監視を強化し、空軍の使命と任務を履行した」と述べた。

さらに、同報道官は、「日本の航空自衛隊機が数次にわたって中国の東シナ海防空識別圏に進入して長時間偵察活動を行い、中国空軍は必要な追跡・監視を行った」と述べている。

防空識別圏のパトロールとは一体何だというのだろうか？　中国空軍が言う「パトロール」を実施しているのは、早期空中警戒機と戦闘機である。早期空中警戒機はまだしも、戦争状態にない場合、通常、戦闘機はパトロールを実施しない。

防空識別圏内の監視は、地上レーダーや早期空中警戒機の哨戒によって行われるのだ。戦闘機は、訓練かスクランブルなどの任務でのみ飛行する。戦闘機が防空識別圏内のパトロールを行うなど、燃料や人員の無駄遣い以外の何物でもない。

中国空軍は、活躍の場を与えられて、よほど嬉しくてはしゃいでいたのかも知れないが、これでは、自ら無知と無能を宣伝するようなものなのである。あたかも、防空識別圏に入ることが問題であるかのような表現は、中国空軍が防空識別圏の意味を理解していないことを示唆している。偵察活動は、偵察される側にしてみれば、気分の良いものではない。

しかし、領空の外、すなわち公海上の空域にある航空機の飛行は、この航空機が許可を得ないまま領空に侵入しようとする場合を除いて、これを妨害することはできない。これを実施することは、国際社会の無法者であると自ら宣伝するようなものだ。

また、戦闘機によるパトロールを実施しなければならないのは、防空識別圏内を飛行する航空機を探知・識別する能力がないか、戦闘機がスクランブル発進する能力に欠けるかのどちらかだということになる。

いずれにしても、中国空軍の、自衛隊機や米軍機に対する異常接近という野蛮な行為は、中国の品格を傷つけ、習近平主席の顔に泥を塗っている。中国では、「空軍は習近平主席の意図を理解していない」という声も聞く。

また、著名な研究者は、「中国空軍がそのようなことをするはずがない。日本のねつ造だ」と言う。これは、彼が、戦闘機による哨戒機への異常接近が許されない危険な行為だということを理解していることを示している。

中国国内の一部でも、戦闘機による異常接近が国際社会で非難されるべき行為であることが認識されているにもかかわらず、中国指導部が空軍を完全にコントロールできるようになるには、まだ時間がかかるだろう。

個々のパイロットが蛮勇をふるうような軍隊は、決して精強な軍隊になることはできない。中国空軍が、中国海軍のように国際化し、指導部の意図に従って組織的に行動できるようになれば、手強い空軍になる。

中国空軍が現状のままでいてくれれば、実際に戦争になったときには、日本にとって有利である。一方で、無法者のパイロットが野放しにされていれば、誰も望まない軍事衝突が生起する可能性が高くなる。

習近平主席は、二〇一四年四月から、繰り返し「空軍は、空中および宇宙における戦闘力を高めなければならない」と指示している。中国空軍は、戦闘機の性能向上のみならず、空中の飛行体を監視するための、地上レーダー、早期空中警戒機、衛星などの強化を図っている。

中国空軍は、遅かれ早かれ、防空識別圏の監視と対応ができる装備を有することになる。空中を移動するビークルの速度は高く、現場のパイロットが判断にかけられる時間は極めて短い。少しの不安や誤解が、予期せぬ衝突に発展しやすい。

ましてや、能力が低いまま危険な異常接近などが繰り返されれば、衝突の危険性も高い。中国空軍が、粗暴なまま戦闘能力を強化するのか、それとも、オペレーション能力の強化に伴って、中国海軍のように国際常識を身に着けていくのかを注視していかなければならない。

防空識別圏公表の時期と中国のバランス感覚

二〇一三年一二月三日の安倍・バイデン共同記者発表は印象的だった。バイデン米副大統領訪日時、会談後に行われた共同記者発表でのことである。まず、開始時刻が予定より大幅に遅れた。発表に際しては、双方の事務方が表現のすり合わせを行うが、これに時間を要したことは、双方の考え方に相違があった可能性を示唆している。また、記者発表という、共同声明より拘束力の弱い形式で発表されたこともそれを裏付けている。

実際の発表もまた、双方の認識の差を印象付けた。安倍首相の談話が、バイデン米副大統領の談話に比べて非常に短かったのだ。また、事前に報道されていた「防空識別圏設定の撤回を求める」といった文言も含まれなかった。

バイデン副大統領は、中国の防空識別圏設定を指して「緊張を高める」と非難し、「一方的な現状変更の試みは許さない」と米国の意図を示した。こうした緊張を高める行動が「誤解に基づく不測の事態の生起」を招くとし、誤解による不測の事態は、意図して起こされる事態より危険だとも述べている。

しかし、不測の事態を避けるために必要だとされたのは、中国に対する強硬姿勢ではなく、「緊張緩和」である。そのために「危機管理メカニズムの構築と有効なコミュニケーション」が必要だと述べたのだ。

さらに明確に米国の見解を示したのは、一二月四日のヘーゲル国防長官とデンプシー統合参謀本部議長の記者会見だった。ヘーゲル国防長官は、防空識別圏自体は問題ではないと明言し、撤回を求める日本とは異なるスタンスを示した。

この記者会見で、ヘーゲル国防長官は、「問題は事前に周辺国などに何の相談もなく突然設定したことにある」と述べている。デンプシー統合参謀本部議長も、防空識別圏自体が事態を混乱させるのではないとした上で、当該空域を通過する航空機にも防空識別圏進入の報告を義務付けることが混乱を招いているとした。

当時の米国は、中国の防空識別圏設定が軍事的意味よりも政治的意味を有するものだと理解したのだ。現状では、中国が軍事力で他国の航空機を排除するために防空識別圏を設定したのではないと判断したのである。

米国の判断の基準は、防空識別圏設定の公表からの中国側の出方によるのだろう。中国国防部発表の翌日には、米軍はB－52爆撃機を中国防空識別圏の内側で飛行させている。B－52は核兵器を搭載可能な爆撃機であり、本来、とても挑発的な飛行であったはずだ。米国は、「中国側の特異な対応はなかった」と発表した。

では、政治的意味とは何なのか？　中国は、なぜこの時期に、このような発表をしたのだろうか？　問題の背景には、中国国内の強硬派の圧力がある。近年、中国空軍内部に不満があるとされているが、主要な理由の一つが予算配分だと見られる。

中国海軍は、多額の費用をかけて訓練空母「遼寧」を就役させ、さらに実運用のための空母および空母戦闘群を形成する大型艦艇の導入を計画している。こうなると、空軍の予算が制限される。中国の国防予算も無限ではないのだ。

許其亮・空軍上将を中央軍事委員会副主席に抜擢したのは、強いリーダーシップを空軍内に残したくなかったからでもあり、予算面で優遇できない分を人事でバランスをとろうとしたからでもあると聞く。しかし、二〇一二年九月一一日以降、活躍が報じられるのはやはり海軍ばかりである。ただでさえ、中国国内には人民解放軍の一部を含め、対日開戦やむなしという強硬派がいる。強硬派が軍内の不満と結びつけばさらに危険だ。中国指導者は、こうした国内の圧力を受けつつ、軍事衝突を避けるという綱渡りをしていると言える。

こうした中、日本の無人機撃墜検討などは、中国強硬派を勢いづかせるものだった。日本が軍事力行使の意図を明確にしたと捉えたのだ。

中国指導部は、日本に対話の意志はなく挑発を繰り返すだけなので、日本を相手にし続けるのは危険だと認識している。中国の本心は、日本および米国との軍事衝突を避けることである。中国では、「強硬派は習主席の真意を誤解している」という話も聞く。

そこで出てきたのは、やはり米国との議論である。中国の防空識別圏設定の発表がバイデン米副大統領訪中の直前であったことは、米国ファクターの存在を示唆している。二〇一三年一一月下旬には、中国中央電子台のニュース番組が、主たる相手は米国であることを示唆する報道をしている。

米国が第二次世界大戦時に作成したフィルム『敵を認識せよ、それは日本』をこの時期に報道したのも、日米が必ずしも対等な協力関係にないということを示したかったからだ。日本はただ米国に使われているに過ぎないので相手にする必要はない、という論理である。相手にすべきは日本ではなく米国であり、しかも、東シナ海の問題だけでなく、国際秩序の再構築を目指すという。

中国は、二〇一三年四月頃から米国と「新型大国関係」構築の議論をしてきたが、六月の首脳会談で、相容れない戦略の相違も明らかになった。そこで、今度は対立を前面に出して、米国と国際秩序再構築の議論を試みる。と言っても、米国が乗ってきてくれなければ困る。そこで、すでに決定されていたバイデン副大統領訪中の直前を選んだのだ。

国際秩序の再構築とはあまりに大きな話だが、直ちに日本と戦争をするという話ではなくなる。しかし、中国は当面の間、表面的にしろ、対米強硬姿勢をとらざるを得ないということにもなる。国内向けの論理ではあっても、これはやはり綱渡りだ。

米国と言っても、現在相手にしているのはオバマ政権である。バイデン副大統領はリベラルで知られ、中国にとっては最初に議論する相手としては最適であったかも知れない。しかし、米国内にはオバマ大統領の融和的な対中政策に不満を持つ保守派も多い。中国の強硬姿勢は、米国の強い反応を誘起する可能性もある。

また、北朝鮮の張成択の粛清も、中国にとっては痛手だった。中国は人民解放軍の部隊を北朝鮮国境に集結させて不測の事態に備えていた。その兵力は、陸上自衛隊全ての人員の二倍近い。中国は、安全保障の資源を北朝鮮にも振り向けなければならなくなったのだ。

張成択は金正男の生活費などを提供していたと言われ、中国は、さらなる暗殺や粛清の可能性を心配している。

金正恩第一書記が未だ訪中しないことも中国を苛つかせている。北朝鮮の不安定化は、中国の安全保障政策の分散を強いていると言えるのだ。

また、米中以外の国々の対応にも注意が必要だ。天然資源によって豊かな暮らしを支えるオーストラリアにとって、中国は最良の顧客である。中国との決定的な対立を望むことはない。中国との経済関係が深い国々を含むＡＳＥＡＮ諸国も一枚岩ではない。韓国も中国への配慮を忘れない。日中が直接対話できない現在、日中関係のバランスをとれるのが米国だけという異常な情況が続く。日中とも、自分の意図を実現するために米国に頼らざるを得ないのだ。

日中軍事力の間に信頼はない。しかも、経験による信頼醸成を待つ余裕もない。軍事力に関する言葉の応酬は、すでに実際の行動を伴い始めている。日本は、米国を介してでも、水面下で中国との危機管理メカニズム構築を進めるべきだろう。

［用語解説］

【ＥＭＣＯＮ（EMission CONtrol)】電波輻射管制。作戦行動中あるいは特定の訓練中の艦艇や軍用機が、敵に発見されることを防ぐため、レーダー・通信・ＥＣＭ等の電波発信を制限すること。

【ＥＳＭ（Electronic Support Measures)】電子戦支援対策。

第四章

なぜ中国は海軍力を強化しているのか？

空母「遼寧」が動くのは奇跡

中国の海外への影響力拡大に関連して注目されるのが、パワー・プロジェクション（戦力投射）としての効果が大きい海軍の発展である。特に、空母はパワー・プロジェクション兵力の最たるものであり、中国が空母を運用できれば、その海外でのプレゼンスは格段に大きくなる。

簡単に「空母を運用できれば」と述べたが、空母は単艦で運用される訳ではない。空母はその戦闘力および影響力の大きさゆえに、敵の最優先の攻撃目標の一つになる。敵艦艇、航空機および潜水艦などによる攻撃に晒されては、単艦で防御することは不可能に近い。

空母を運用するということは、数千人の乗員を要する艦艇を運用する難しさのみならず、空母戦闘群を形成し有機的に機能させる難しさを含んでいるのである。この一点を考えても、中国が直ちに空母を運用できるようになるとは考えにくい。さらに、「遼寧」が空母としてどの程度の性能を有するのかについてさまざまな疑問が投げかけられている。

空母保有を望む声は、すでに一九九〇年代に中国海軍から上がっていた。中国海軍の父とも呼ばれる劉華清が空母の取得を主張していたのだ。潜水艦優先派の反対で実現しなかったと言われるが、これは、中国海軍の中に空母保有に対する賛否両論が存在したことを意味する。

この議論は、一九九八年にウクライナから「ワリヤーグ」を購入して以降も継続しており、空母建造が具体的に決定されるまでの紆余曲折の原因ともなっている。

中国が空母建造に踏み切れなかった主な原因の一つが、未熟な造船技術である。造船技術が発達しなかったのは、無謀な経済政策およびその結果としての経済的困窮に因るところが大きい。

一九五八年六月二一日、毛沢東は、中央軍事委員会拡大会議において「造船業を大々的に推進し、『海上鉄道』を建設し、今後、数年以内に強大な海軍を建設するよう」提議したが、これは、数千万人の餓死者を出し、一九六二年一月の中央工作会議で劉少奇国家主席に「三分の天災、七分の人災」と批判された大躍進政策に伴うものだ。

毛沢東はここで航空母艦の建造に言及しているが、現実には、当時の中国の造船技術では大型艦艇を建造することすらできなかったのである。

一九九八年、マカオの中国系民間会社である創律集団旅遊娯楽公司が、ウクライナから「ワリヤーグ」を二〇〇〇万ドルで購入した。金額を見ても空母としての売却でないことは明らかだが、何らかの付加価値が考慮された価格でもある。

一九九七年に「『ワリヤーグ』の解体工事が開始された」という情報が流れたが、実際には船体のみを売却するために装備の撤去を行ったものだ。この際、主機は撤去されず、配管・配線を切断しただけで、将来、自走できる可能性を残していた。

「ワリヤーグ」が大連に入港したのは二〇〇二年二月三日である。顕著な動きがないまま三年が過ぎ、二〇〇五年四月になって初めて大連造船所の乾ドックに搬入された。

ここで、船体の錆落としおよび人民解放軍海軍の塗装が施されたことから、中国の空母建造計画が盛んに論じられるようになった。

同年八月には湿ドックに移動されて本格的な修理が開始されたが、中国海軍が二〇〇八年末に本艦を練習空母として就役させる計画であると発表するまでに、さらに三年以上の時間を要している。

この時間は、空母保有の是非を問う議論および技術的問題解決の目処をつけるために費やされたと考えられる。私が防衛駐在官として中国にいた二〇〇三年から二〇〇六年の間にも、中国海軍の中で空母保有の是非について議論が行われていた。

また、中国は同時期に、「ワリヤーグ」の他に二隻のキエフ級空母（旧ソ連では「重航空巡洋艦」と呼称）を購入している。これらは、テーマパーク、あるいは最近、ホテルとして利用されているが、当時、中国海軍の軍人が頻繁に出入りし、内部構造などを研究していると言われていた。

二〇一二年九月二五日に正式に海軍に配属されて以降、「遼寧」の修復に関して多くの報道がされている。その多くの内容が、「遼寧」就役までに数多くの技術的問題を解決する必要があったこと、およびそれらの問題が未だ完全に解決していないことを示唆している。

それらの報道から、修復に当たって最大の問題は動力システムおよび艦載機運用システムであったことが理解できる。

中国海軍駐ハルピン某軍代室総代表で空母改造における動力システム改造の責任者であった黄東煜は、「実際、この艦の改造において最も困難だったのは、動力システムの回復であった」と述べて、「遼寧」が元々搭載していた蒸気タービンを修復して使用したことを明らかにしている。

ロシアの報道によれば、中国の意図に気付いた米国がウクライナにできるだけ解体するよう圧力をかけたため、主動力装置の最も重要な部品でさえ取り外され、残った装備も表記事項を消されていたと言う。

修復には相当の困難を伴ったであろう。「遼寧」機関長である楼富強は、「当初、蒸気を発生させるボイラー内部の圧力が高過ぎて危険なため、出航速度に必要な出力が得られなかった」と述べているが、「旧ソ連の本来の設計で圧力がどのように設定されていたのかわからなかった」とも言っている。

彼らは、設計情報もないまま、試行錯誤で蒸気タービンを修復したということだ。前出の黄東煜は、「遼寧」修復に当たって、「タービンおよび減速装置を含む動力システムを最初に修復した」と述べ、「まだ修復できた部分は修復し、修復できなかった部分は新たに研究開発した」としている。

基本的に「ワリャーグ」の動力システムを修復して用いているのであるから、同様に、ボイラー八基／蒸気タービン四基・四軸であると考えられるが、中国のエンジン関連技術を考慮すると、試行錯誤で修復した機関が、本来の出力である二〇万馬力を出せるとは考えにくく、従って最大速度は二九ノットには及ばないだろう。

さらに、本来の設計データに基づかない修復は、多くの問題を抱えていると考えるのが妥当である。そもそも、ロシア海軍現役の同型艦「クズネツォフ」はエンジンおよびその他のシステムに多くの問題を抱えていて実戦配備の期間が少ないとされ、元々の設計に問題があった可能性もある。

また「遼寧」は、二〇一一年八月一〇日から一四日の第一回航海試験の後、少なくとも二カ月前後の期間、乾ドックに入れられており、大規模な修理が行われたと見られる。航海試験において推進システムに重大な問題が発覚したのではないかと分析されているが、当該問題が根本的に解決されたかどうかは定かではない。

もう一つの大きな問題が、航空機運用にかかわるシステムである。特に、中船重工集団公司第七〇一研究所の上級技術者で、「遼寧」システム主任設計師である王治国は、二〇一三年に入って繰り返し、新華社、中国青年報および人民網などで、「遼寧」建造が多くの困難を伴い、いかにそれらを克服したかを述べていて興味深い。

彼は主として艦載機運用システムに関する作業を担当していたが、一般には八〇年かかる作業量を一〇年で成し遂げたと言う。それだけ問題が多かったということでもあるし、それを解決する時間が限られていたということでもある。

別のインタビューでは、三〇カ月の作業量を一五カ月でこなしたと述べているが、一部門で一五名が作業中に亡くなったとも述べている。造船作業において死亡事故が起こるのは作業管理に問題があるからだと言えるが、一五名も亡くなったとすると、作業管理・安全管理どころの話ではない異常な事態だ。

それほど、解決困難な問題が多数あったことを示したかったのだろう。彼は、「完全な統計ではないが、『遼寧』上には航空機に関する各種の結合の問題が一万以上存在した」と述べている。それぞれの設備が機能を最大発揮するための最適な位置がどこなのか、その周辺にどのような接続構造があり、どのように設置・結合すれば良いのか、一つ一つ試行錯誤を繰り返しながら作業を進めたのだ。

例えば、艦載機が発艦する際に使用する偏流板と航空機の位置関係も、エンジンの噴射が偏流板に当たる状況を見ながら決定したと述べている。設備の結合には、ガスの供給、水の供給および電気の供給のためのものが含まれている。

本来の設備が取り外されて、結合部分・配管の跡だけが残っていたということだろうが、全く別の装備品を一つ一つこれらに合わせるのは、巨大なパズルを解くようなものだ。設計思想を理解しないまま、接続部分に合わせて装備品を設置したのでは、本来予定された性能を満足するこ

空母「遼寧」甲板上でタッチアンドゴーを実施するJ−15戦闘機。中国海軍にとって、艦載機の運用も難題の1つである。（写真提供：海人社）

とは難しいと考えられる。

ここで挙げた問題以外にも、「ワリヤーグ」本来の性能に及ばない部分があると言う。特に、国産の電子機器および対空ミサイルは、ロシア海軍現役の同型艦「クズネツォフ」に比べて性能が劣るとされる。拡大された格納庫など、本来の設計から変更された部分の影響も明確ではない。

さらに、艦載機の発着艦訓練に用いられたのはロシア製SU−33のコピーと言われるJ−15であったが、結局、SU−33の輸入が決定されるなど、艦載機の本格運用にもまだまだ時間がかかりそうだ。

公開された発着艦訓練の映像を見る限り、極めてスムーズに着艦している。しかし、その様子は陸上基地への着陸のようで、艦の動揺を伴う外洋での運用に適した着艦のようには見えない。

中国海軍は、二〇〇四年一一月に艦載ヘリコプターの夜間発着艦を開始したが、その際にも、洋上での航空機運用を理解していないことを示すような訓練を実施している。複数の中国国内の報道によれば、「艦載ヘリコプターは、先ず静止した艦艇に着艦訓練を行い、次いで最も難度の高い航行中の艦艇に着艦訓練を実施した」と言うのだ。

私自身、艦載ヘリコプターのパイロットであったが、着艦する際に必要なのは着艦する艦艇との相対速度であって、艦艇の絶対速度は関係ない。むしろ、艦艇は航行中のほうが安定し、着艦に適した風を作ることもできる。

中国海軍は、このことを理解していなかったと思われるのだ。外洋における発着艦の経験がなかったから、静止した艦上への着艦のほうが容易だと考えたのである。

空母艦載機の運用に関しては、さらに理解が少ないであろう。中国海軍が空母艦載機を作戦運用するまでには、相当の時間が必要だと考えられる。

問題を多く抱える「遼寧」だが、そのこと自体は重要ではないのかも知れない。中国海軍は、「遼寧」の修復を通じて多くの空母運用思想および技術を学んだだろう。これらは、中国国産空母の建造において大いに役立つ。

また、「遼寧」は練習艦であって、少なくとも相当の期間、作戦運用に用いられることはない。実際に空母を運用して訓練を重ねることで得られる経験は、やはり将来配備されるであろう空母の作戦運用に貢献することは間違いない。

中国の『青年参考』によれば、中国政府関係者の情報として、中国は原子力空母の自主建造を海軍の目標としていると言う。第一段階として四隻の通常動力型空母を建造し、第二段階として少なくとも二隻の原子力空母を建造して二〇二〇年までに海軍に配属する計画であるとする分析もある。

ただ、原子力空母の建造となれば、問題はさらに多くなる。香港の『亜太防務』の報道は、「中国は原子力潜水艦建造に経験を有していても、原子力空母建造には困難があり、欧米の技術を導入できない現状では、ロシアおよびウクライナが支援するだろう」とする。

ソ連崩壊後、ウクライナで完成を待たずに解体された旧ソ連海軍の「ウリヤノフスク級原子力空母」は、中国国産の原子力空母建造に参考となるかも知れない。

それにしても、「遼寧」を修復するのにどれ程の費用を要したのだろうか。通常でも、空母の建造・運用には莫大な費用が必要だ。二〇一〇年頃には、中国海軍内で、予算不足から艦載機はJ-10で我慢すべきという議論があった。

中国とて国防費は無限ではない。中国の空母運用は未だ試行錯誤の段階だろう。国産空母を建造し、空母戦闘群を運用できるまでにかかる費用は、見当もつかない。運用自体にも費用が掛かり続ける。空母の運用に過大な費用を要すれば、他の運用を圧迫し、全体の戦闘力を低下させる可能性もある。いずれにしても、中国の今後の空母建造の動向が注目されるところである。

空母戦闘群はできるか?――空母、駆逐艦、フリゲート

現在、中国は、急速な経済発展を背景に海軍の近代化を進めている。米国の四年ごとの戦略の見直しである「QDR2014」が、「中国が人民解放軍を近代化する意図」について疑念を示しているように、中国が軍の近代化を通して得ようとしているものを理解することは重要である。艦艇を建造するためには計画を含めて何年もの時間を要する。中国が建造中の空母は、建造だけで六年間という時間が必要である。艦艇の建造計画は海軍の運用構想に基づいて決定されるが、運用構想を変化させようとしても、修正には時間を要するということだ。

将来の海軍の装備は、運用的にも技術的にも、現在の延長にある。ここに、現在の中国海軍が目指すものを理解しなければならない理由がある。

現在の中国指導部が優先する課題は安定した経済成長である。これがなければ、経済格差の是正も社会の安定化もなし得ず、したがって、中国共産党の安定統治も困難になる。

こうした優先課題の解決に寄与するための海軍近代化の目的は、簡単に言えば、海洋および海外における中国の経済活動の保護ということになるだろう。

経済活動の世界規模での拡大にともない、習近平体制は海洋権益保護を大々的に打ち出している。海軍は、その海洋権益保護のための主要なアクターである。

中国の言う海洋権益の定義は定かではないが、全人代における政府活動報告や国防白書を見れ

ば、領土問題よりも経済権益に深く関係していることが理解できる。

問題は、海軍がどのような手段を以て海洋権益を保護しようとしているのかである。これが、中国海軍の運用構想でもある。現在の艦艇整備状況を見れば、中国海軍が目指す運用構想も理解できる。また、運用構想が理解できれば将来の装備品の情況なども推測できる。

中国海軍が、現在、最も重視しているのが空母戦闘群の構築であることは間違いない。二〇一二年九月に就役した訓練空母「遼寧」は、空母運用の経験を積むための艦艇である。空母を運用するに当たって、学ばなければならないことは多い。

これまで空母を運用した経験がない中国は、まず巨大な艦艇を動かすことを学ばねばならない。数千人の乗員の動きを組織するだけでも難しい。また、乗員が増えれば艦内でのさまざまなトラブルも増える。

こうした問題を克服した上で、空母に搭載する航空機の運用法を確立しなければならない。航空機の運用には、空母搭載航空団の養成および艦上での航空機運用・整備を含んでいるが、中国海軍はこれらも一から開発しなければならない。

空母における航空機の運用が確立されて、初めて空母を用いた戦術の開発がある。シミュレーターや実際の飛行作業によるデータ収集を重ねて戦術を研究し、戦術資料などを整備するには、非常に長い時間を要する。

運用が確立していない状態で戦術研究を進めることが困難であることを考慮すれば、中国海軍が空母を用いた戦術を確立するためには一〇年前後の時間が必要であると考えられる。

しかし、中国海軍は、ほとんど何の運用ノウハウも得られないうちに国産空母の建造を始めている。現在、少なくとも二隻の国産空母を建造中なのだ。

二〇一四年一月一八日、遼寧省人民代表大会で、同省トップの王珉・共産党委員会書記が、中国船舶重工業集団（中船重工）傘下の大連造船重工業が通常動力型空母を建造中であることを明らかにした。建造期間は六年であるとも述べている。

大連造船重工業は、「遼寧」を修復した経験を有する企業である。もう一隻は、米国の衛星が捉えたとされる上海江南造船所で建造中の空母である。

中国は、「遼寧」修復を通して必要な建造技術を得られたと考えて国産空母建造に踏み切ったのであろうが、運用や戦術の理解に基づかない艦艇の設計は、実運用で問題が多発する可能性が極めて高い。

それにもかかわらず空母建造を開始したのは、戦闘以外に、空母の整備を急ぐ理由があるからに他ならない。

空母戦闘群を構成する駆逐艦は、「旅洋Ⅱ」級／052C型および「旅洋Ⅲ」級／052D型の中国版イージスに統一されている。フリゲートは、駆逐艦より先に、「江凱Ⅱ」級／054A型に統一が進んでいる。艦型の統一は、修理・補給を含む運用コストを下げる効果もある。

中国海軍の艦艇建造ペースは尋常ではない速さである。しかし、それでも中国海軍が必要とする兵力を未だ満足していない。中国の国防費にも制限はある。制限のある予算の中で、中国海軍はどのような海軍運用を目指しているのかを理解することは極めて重要である。

まずは、空母である。運用に供する空母は、現在、少なくとも二隻が建造中であるとされる。中国で公表されたとおり、建造期間が六年であるとすると、当該二隻は二〇二〇年頃には就役し、二〇二五年には戦力化を完了していると考えられる。

常時一隻を運用し、必要に応じてもう一隻を展開することを考えると、所要隻数は三隻と見積もられる。また、原子力空母建造計画が進んでいるとする分析もある。中国が原子力空母を建造するためには、外国の技術支援が必要である。現実的に考えられるのはウクライナであろう。

しかし、ウクライナ情勢の変化から、当分の間、当該技術の入手は困難である。ウクライナは、旧ソ連時代に満載排水量が八万トンに近い「ウリヤノフスク」級原子力空母を建造した経験を持ち、原子力空母建造に必要な技術を有している。当該原子力空母は、旧ソ連崩壊後、建造が中止され解体された。

また、二隻の空母の展開所要を満たすため、二個搭載航空団の整備が必要になる。二〇一三年のうちに中核となる数名の艦載機搭乗員が養成されたが、二個搭載航空団運用の所要を満たす搭乗員養成には長時間を要するため、二〇二五年の空母艦載機の能力は限定的であると考えられる。

駆逐艦およびフリゲートは、空母戦闘群を三個艦隊と別に整備するとすれば、保有隻数を増加しなければならない。現在、中国は、すでに多艦種少数整備から脱却し、052D型駆逐艦および054A型フリゲートの集中量産に移行している。

集中量産に移行したのは、所要性能を満足できる艦艇の建造が可能になったからであろう。二〇〇〇年代終わりから、052C型駆逐艦四隻を立て続けに建造し、性能を向上させた052D

「旅洋II」級／052C型駆逐艦。駆逐艦は、「中国版イージス」とも呼ばれる本型と後継艦である052D型に統一されつつある。（写真提供：海人社）

型駆逐艦四隻も並行して建造している。

０５２Ｃ型駆逐艦は、二〇〇五年に南海艦隊に配備された「１７０蘭州」および「１７１海口」に続いて、二〇一三年に「１５０長春」および「１５１鄭州」が東海艦隊に配備され、「１５２済南」および「１５３西安」が航海試験あるいは艤装の段階にある。

０５２Ｄ型駆逐艦は、一番艦の「１７２昆明」が二〇一二年八月二八日に進水し、二〇一四年三月二一日に正式に南海艦隊に配備された。二番艦「１７３長沙」はすでに航海試験に臨んでおり、「１７４貴陽」は艤装中である。「１７５成都」が間もなく進水すると言われており、二〇一〇年からの四年で、八隻の中国版イージス艦が進水することになる。

これまでの０５２Ｃ型駆逐艦および０５２Ｄ型駆逐艦は全て上海江南造船所で建造されているが、この他に空母および三隻の０５２Ｄ型駆

空母「遼寧」から、奥に向かって、052C型駆逐艦、054A型フリゲート2隻。空母戦闘群は形成できるか？（写真提供：海人社）

逐艦が建造中、三隻の052C型駆逐艦が艤装中であることを考えると、移転してからの江南造船所の造船能力は飛躍的に向上していると言える。また、数年のうちに、大連造船所でも052D型駆逐艦の建造が開始されると言われる。

すでに新造艦の契約も進んでおり、二〇二〇年には、052C型駆逐艦が六隻、052D型駆逐艦が最大で一六隻就役している計算になる。空母戦闘群の構築を考慮すると、それでも所要には届かないため、二〇二〇年以降も建造ペースを維持すると、二〇二五年の052D型駆逐艦は最大で二三隻になると見積もられる。これにともなって、「旅大」級、「旅滬」級および「旅海」級駆逐艦は除籍が進むだろう。

しかし、中国版イージス艦と言われる艦艇には、イルミネーターが搭載されているのかどうか疑問視する分析もある。イルミネーターとは、同時に一〇個以上のミサイルなどの経空脅威に

「江凱II」級／054A型フリゲート「547臨沂」。フリゲートは、1990年代終盤から型の統一が進む。（写真提供：海人社）

自艦の対空ミサイルを最終誘導するものである。

イルミネーターが装備されていなければ、いくら同時に多数の空中目標を探知しても、同時に対処できる数が極めて限定されてしまうのだ。これでは、フェーズド・アレイ・レーダーを装備していてもイージス艦とは呼べない。

フリゲートは、「江凱Ⅱ」級／054A型への統合が、駆逐艦に先駆けて進んでいる。054型フリゲートの一番艦である「525馬鞍山」は一九九九年一二月に建造を開始しており、すでに一九九〇年代後半には設計が固まっていたと考えられる。

054型フリゲートの建造は二隻で打ち切られ、以後は改良型の054A型フリゲートの大量建造に移行している。054A型フリゲートはすでに一六隻が就役し、四隻が航海試験あるいは艤装の段階にある。

054A型フリゲートの建造ペースも速く、

二〇一〇年以降、年間平均三隻を就役させている。二〇一四年は四隻が就役予定である。現在の建造ペースを維持すると、二〇二〇年の就役数は、054型フリゲートおよび054A型フリゲートを合わせて四〇隻に達することになるが、予算の制限もあり、必要数以上の建造は行われないだろう。

二〇二五年の中国海軍は、これまでの北海、東海、南海の三艦隊の運用に加え、空母戦闘群を運用することになる。三個艦隊および空母戦闘群・インド洋展開部隊を編制可能な水上艦艇勢力は、約七六隻と見積もられる。三個艦隊に合計約六〇隻、空母戦闘群およびインド洋展開部隊に各八隻（駆逐艦×四、フリゲート×四）である。

一方で、実際の二〇二五年の駆逐艦数は052C型および052D型の二九隻、「現代」級（ソブレメンヌイ）四隻が残れば三三隻である。二〇二五年に七六隻の所要を満たすためには、フリゲートが四三隻必要になるが、艦隊の戦闘能力を考慮すれば、駆逐艦とフリゲートはバランス良く配備されるのが望ましい。

そうすると、フリゲートの建造を三八隻程度にとどめ、052D型駆逐艦の整備を待つ可能性もある。この場合、駆逐艦・フリゲート勢力の整備の完成は二〇三〇年頃になる。

海南島の楡林海軍基地の建設状況などから、空母は南海艦隊で運用される可能性が指摘されているが、これまでの、052D型駆逐艦および054A型フリゲートの配備状況は、これを裏付けるものである。

054A型フリゲートは、八隻が南海艦隊、六隻が東海艦隊（054型フリゲート二隻を含む)、四隻が北海艦隊に配備されている。新たに進水した四隻は、まだ正式に配属されていないが、艦名が判明している「576黄石」は、その艦番号から、南海艦隊所属となる艦であることがわかる。

052C型駆逐艦の最初の二隻は南海艦隊に配備され、二〇一〇年以降に進水した四隻が東海艦隊に配備されている。052D型駆逐艦は、二〇一三年に進水するか、あるいは進水予定の四隻が全て南海艦隊に配備予定である。続く四隻の調達契約では、二隻が東海艦隊、二隻が北海艦隊に配備予定だという。最新の性能向上型を優先して南海艦隊に配備しているのだ。

以前は、中国は「北海艦隊が最強だ」と言ってきた。首都防衛があるからだ。陸軍の延長としてしか海軍を捉えていなかった時代、首都防衛を担う北海艦隊は最強でなければならなかったのである。

二〇〇〇年ころから、徐々に海軍の運用が理解され始め、台湾正面（米国正面でもある）の東海艦隊に最新の装備が優先的に配備されるようになった。ロシアから購入した「現代」級（ソブレメンヌイ）や最初に配備された054型フリゲートなどがその例である。

そして、現在、最新駆逐艦およびフリゲートを優先的に南海艦隊に配備している。これは、中国海軍の運用構想と活動の重点の方向の変化を示唆するものと言える。北から東、そして、いまは南へと移ってきたのだ。

一方で、中国海軍が近年進める、機動運用および三個艦隊混合編成艦隊は、中国海軍が、三個艦隊から独立した空母戦闘群を形成しない可能性を示唆する。三個艦隊の駆逐艦およびフリゲートは、すでに地域艦隊の性格を廃し、世界に展開する機動艦隊を目指している。

一方の海上自衛隊の戦力は、二〇一三年一二月一七日に、国家安全保障会議および閣議により決定された「国家安全保障戦略」「新防衛大綱」および「新中期防衛力整備計画」から理解することができる。

このうち、国家安全保障戦略は、外交・安全保障政策全般に関する戦略をまとめた包括的文書である。

新防衛大綱は、「Ⅱ　我が国を取り巻く安全保障環境」において、海洋において公海の自由が不当に侵害される状況が生じていると述べている。そして、我が国が「海洋国家」であるとして、「開かれ安定した海洋」の秩序強化という概念を示した。

こうした概念設定の基になっているのが、中国の、急速な軍事力の増強、我が国領空の侵犯や領海への侵入、海軍の太平洋進出に対する強い懸念である。

こうした認識から導かれる「海上自衛隊の体制」として、「常続監視や対潜戦等の各種作戦の効果的な遂行による周辺海域の防衛や海上交通の安全確保及び国際平和協力活動等を機動的に実施し得るよう、多様な任務への対応能力の向上と船体のコンパクト化を両立させた新たな護衛艦等により増強された護衛艦部隊及び艦載回転翼哨戒機部隊を保持する」ことなどが挙げられている。

これを実現するための兵力は同大綱の「別表」に示されている。海上自衛隊基幹部隊のうち、水上艦艇勢力は、護衛艦部隊が四個護衛隊群（八個護衛隊）および六個護衛隊（直轄護衛隊）であり、直轄護衛隊が増強されている。これに伴って、護衛艦は四七隻から五四隻に増加する。

増加分のうち、二隻はイージス艦である。潜水艦（二二隻）は、同大綱ですでに増強が決まっている。

各護衛隊群は、ＤＤＨ（ヘリコプター搭載護衛艦）一隻、ＤＤＧ（イージス艦）二隻およびＤＤ（護衛艦）五隻から構成されることになる。また、六個の直轄護衛隊を構成するために、「新たな護衛艦」で不足分を補う。この「新たな護衛艦」は、「海外展開を含む平素における活動から事態対処までの多様な任務への対応能力の向上と船体のコンパクト化を両立させた艦」という新たなコンセプトに基づく艦艇である。

このコンセプトから、米海軍のＬＣＳ（沿岸戦闘艦艇）を想起する向きも多いが、ミッション・パッケージの運用構想（後述）は、必ずしも海上自衛隊の運用構想には適さない。さらに、技術的に解決すべき課題も多い。米海軍が現在のＬＣＳ構想を見直す中、海上自衛隊が当該コンセプトをどのような形で実現するのかが注目される。

二〇二五年頃、海上自衛隊の護衛隊群と中国海軍の空母戦闘群は、見た目は似たような編成になりそうだ。しかし、双方の運用構想は大きく異なる。

中国海軍は、中国の経済活動に有利な地域情勢を作り出すために、空母戦闘群を南シナ海からインド洋、さらに地中海まで展開し、軍事プレゼンスを示そうとしている。一方の海上自衛隊の護衛隊群は、あくまで日本の防衛を目的にしている。

「ひゅうが」以降のＤＤＨは、航空機を集中運用する新たなコンセプトに基づく艦艇であり、へリコプター空母とも呼ばれるが、あくまで日本周辺で生起する各種事態に対処するための艦艇である。

中国海軍が、南シナ海からインド洋、地中海へと指向する情況下で、海上自衛隊と中国海軍の艦隊が衝突するという事象が生起する可能性は低い。また、日本の海上自衛隊整備の目的を考慮すれば、中東や北アフリカ地域などに対する日中の軍事プレゼンス合戦も起こらない。

すれ違う日中海軍力ではあるが、小規模な予期せぬ衝突が生起する可能性は残る。生起する場所および情況によって、中国側の艦艇は異なるだろう。東シナ海・尖閣諸島周辺で事象が生起するとしたら、どのような事象にしても最初に出てくる中国海軍の兵力は056型コルベットである可能性が高い。

沿岸防備および近海防御を担ってパトロールするのは056型コルベットの任務になるからだ。一方で、中国海軍の演習などに対する海上自衛隊の監視中に何らかの事象が生起すれば、中国海軍の兵力は大型艦艇になるだろう。

最初の衝突は単艦同士で生起するだろうが、事態をうまく管理できなければ、エスカレートする。双方が艦隊単位で艦艇を出動させるということだ。しかし、二〇二五年の段階で、中国の空母は未だ作戦行動する能力を持たないだろう。

事態がエスカレートしても、中国海軍空母が実際の戦闘に参加する可能性は低い。中国海軍の戦闘機・爆撃機は、二〇〇〇年代半ばから繰り返し長距離対艦攻撃訓練を実施しており、海上自衛隊艦隊に対する攻撃も陸上航空兵力によって行われるだろう。

一方で、中国海軍の空母は、東南アジア、中東およびアフリカなどの諸国に対しては有効である。実際の武力行使も可能だ。運用に用いられる中国の空母が、十分な燃料を搭載した航空機を運用できるのであれば、空母を中心とする半径一五〇〇キロメートルの空爆可能な範囲を、世界中どこであっても展開できるのだ。

中国の空母戦闘群は、軍事プレゼンスを世界各地に展開するという目的において、有効に機能する可能性があると言える。

近海ががら空きになる?——新型コルベットの建造

もちろん、こうした空母戦闘群は、空母だけでは構成できない。空母戦闘群の一部を構成する水上艦艇は、三個艦隊の全部あるいは一部から、空母を展開する際に水上艦艇を派出して空母戦闘群を形成するという運用構想が採用されるかも知れない。

駆逐艦やフリゲートといった艦艇を大量に建造しても、常時、空母戦闘群を形成するには、まだ隻数が足りないのだ。しかし、各艦隊の水上艦艇が遠くに展開することが常態化すると、中国の本土防衛が手薄になる。これを埋めるのが056型コルベットである。

056型コルベットは、052D型駆逐艦および054A型フリゲートをはるかに上回るペースで建造が進められている。二〇一二年には八隻、二〇一三年には一〇隻が進水し、さらに建造中の艦艇があることも確認されている。

同級の配備先は、北海艦隊三隻、東海艦隊二隻、南海艦隊五隻、香港駐在部隊二隻、不明六隻であり、やはり南海艦隊への配備が手厚い。

こうした056型コルベットの急速な整備状況から、大型艦艇を近海防御の任から解放して他の地域に展開し、コルベットが近海を防御するという、中国海軍艦艇の概略の運用構想が見えてくるのだ。そして、近海防御の重点は南シナ海である。

沿海において行動する戦闘艦艇の小型化は、中国海軍だけの趨勢ではない。米海軍のLCSがその典型である。LCSは、機雷掃海や対潜戦などの特定の任務を、比較的緩やかな環境の下で実施することを目的にデザインされている。

こうしたLCSのデザインのニーズは、米海軍が対処すべき脅威の多様化および変化にある。冷戦終結後、脅威認識の変化が、米海軍に水上艦艇の運用構想の見直しを強いたのだ。

二〇〇〇年一〇月、イエメンのアデン湾に停泊中だったアーレイ・バーク級ミサイル駆逐艦「コール（DDG-67）」に対する小型ボートによる自爆攻撃は、当該艦艇に自力航行不能になるほどのダメージを与え、死傷者も出した。

この襲撃は、アルカイダのメンバーによって行われた。この襲撃によって、「コール」の左舷には、一二メートルにも及ぶ亀裂が生じている。米海軍の懸命のダメージ・コントロールによって、機関部への浸水は食い止められたため、ダメージは最低限に抑えられた。

この事件は、特に沿海域においては、安価な武器でも高性能な艦艇に近接して大きな損害を与え得ること（チープキル）を見せ付け、米海軍に、高価格の艦艇の沿海域での使用を再考させるものとなった。

アルカイダが、他にも米海軍駆逐艦に対して、同様の自爆攻撃を計画していたことが明らかになったことから、こうした小型船舶に対処する必要に迫られたのだ。予想される敵兵力に対処するには、大規模な火力は必要とされないと認識された。

船体の小型化は、海軍艦艇の運用が、これまでの海上優勢確保を目的とした外洋での行動から、より複雑化・多様化した脅威に対処する行動へと運用構想が変化したことの現れでもある。外洋における複合脅威対処の必要性は減少し、沿海域からの限定的かつ分散されたテロ攻撃などに対処する必要性が増加していると認識されているのだ。

このため、高速で機動性に優れ、喫水も浅く、沿海域での戦闘力に優れた艦艇が必要とされるようになったのである。さらに、米海軍のLCSは、自動化も進め、省力化に成功している。

米海軍の「フリーダム」級LCSはウォータージェット・エンジンを搭載し、四五ノットという艦艇としては驚異的な高速をたたき出す。また、米海軍のLCSは、三〇〇〇トン前後の船体ながら、ミッションごとに装備品を換装するミッション・パッケージというアイデアによって、全ての任務に対応可能である。

しかし、中国の056型コルベットは、満載排水量一三四〇トンと、さらに小型である。また、動力は一般的なディーゼル・エンジンで、最高速力も二五ノットにとどまる。搭載武器も、基本的には054型フリゲートに搭載されている兵装を、小型化した艦形に合わせて取捨選択、あるいは小型化したものである。

「江島」級／056型コルベット「582蚌埠」。中国海軍は、近海防御の要であるコルベットも大量建造している。（写真提供：海人社）

高性能なＬＣＳとは比べ物にならない。中国の０５６型コルベットは、米海軍ＬＣＳとの戦闘を想定している訳ではないのだ。中国が近海防御における戦闘として想定しているのは、旧來型の小型哨戒艇やミサイル艇との単独戦闘である。

東南アジア諸国の海軍は、一般的に、多数の大型艦艇を保有していない。多くの東南アジア諸国海軍の主力は、哨戒艇やミサイル艇である。中国が、南シナ海で対処しなければならないのは、大型艦艇によって構成される艦隊ではないのだ。

高速が出せる訳でもなく、最新の武器を搭載していなくとも、中国の沿海域を防衛するのには、０５６型コルベットの性能で、所要を満足できると考えたのだろう。安価で大量に保有することのほうが重要だとも言える。

安価な艦艇にしなければならなかったという

側面もある。中国海軍は、空母をはじめ多数の大型艦艇を急速に建造している。また、空母戦闘群を運用するための基地整備も継続している。これらには莫大な予算を必要とする。

二〇〇〇年代から、海軍は予算的に優遇され、装備の近代化を急速に進めてきたが、それでも、中国が考える艦艇の所要数を満たすことはできない状況である。巨額な予算であっても、限りはあるのだ。

しかし、安価なコルベットであっても、東南アジア諸国にとっては脅威になり得る。東南アジア諸国は、056型コルベットの建造に対して、早い段階から警戒感を示していた。中国がこのコルベットを南シナ海で使用するのではないかと考えていたからだ。

南シナ海で使用するということは、中国が主張する「九段線」（ナイン・ドッテッド・ライン、U字線とも言う）の内側における中国の「管轄権」を確立するために、中国の活動を妨害する東南アジア諸国の海軍艦艇に対処するために運用されるということである。

安価であるがゆえに、多数のコルベットを建造・配備することができる。中国近海、特に、南シナ海において中国海軍のコルベットの活動が活発化することが予想されるのだ。

そして、この状況はすでに現実のものになりつつある。中国は、南シナ海の少なくとも七つの礁を埋め立てし、地上設備の建造を進めている。こうした設備への物資輸送の護衛にも使用されると考えられるが、コルベット自体がこうした設備で補給を受けながら、南シナ海での長期活動を実施することもできる。

南シナ海の複数の海域に、常時、中国海軍の艦艇が存在するといった状況が想定されるのだ。

中国は、こうした海軍艦艇の活動によって南シナ海を実質的なコントロール下に置き、海底資源開発などの活動を自由に行える環境を作り出すことができる。

中国海軍は、一隻の艦艇の中でハイ・ロー・ミックス（ハイテクとローテクの混合）を実施するのではなく、保有艦艇の中で、高い技術を用いた高価な大型艦艇と、既存の技術を用いた安価な小型艦艇の両方を整備している。

これら大型艦艇と小型艦艇には、それぞれ異なる活動海域および任務を割り当てているのだ。これらの任務は、実際に日本や米国との海戦を念頭に置いたものではない。あくまで、平時におけるパトロールと、その際に起こる小規模な衝突に対処することを想定したものだ。

056型コルベットの大量建造が継続されれば、東シナ海や南シナ海における中国のパトロールが活発化し、自然にコントロールが強化されることになるのだ。

弱者の選択としての潜水艦

中国海軍は、統一された型の駆逐艦、フリゲートおよびコルベットを大量建造している。同時に複数の空母を建造し、空母戦闘群の形成を目指しているのは明白だ。しかし、早急な艦艇の装備には、技術的問題も残されている。

艦艇にかかわる課題は、技術的な問題だけではない。数量でも、中国がライバル視する米海軍には及ばない。また、中国海軍には、空母戦闘群の運用のノウハウに関する蓄積もない。実は、旧ソ連も空母の運用に成功できなかった。旧ソ連の空母は技術的にも問題があったが、効果的な空母戦闘群を構築することはできなかった。

ちなみに、旧ソ連では、一九三六年に締結されたボスポラス海峡・ダーダネルス海峡の航空母艦通過禁止に関するモントルー条約に対する政治的処置として、海軍における「航空母艦」を「重航空巡洋艦」と分類している。

そうした旧ソ連海軍が米海軍に対抗するために整備したのが、艦対艦ミサイルおよび潜水艦である。冷戦中は、米ソ全面衝突が現実味を以て語られていた。しかし、空母戦闘群の正面衝突という戦闘様相では、旧ソ連に勝ち目はない。

そこで、旧ソ連海軍が考えたのが、長い射程を持つ対艦ミサイルと潜水艦による非対称戦であると言える。特に、潜水艦は、隠密裏に空母戦闘群のフォーメーションを突破し、空母を攻撃することも可能である。

旧ソ連海軍が、原子力および通常動力（ディーゼル・エレクトリック）推進の潜水艦を、数多く開発建造し、配備していた所以である。中国には海軍の運用を教わる先生がいないと述べたが、多くの艦艇や装備品および技術を、旧ソ連およびロシアから導入している中国海軍の運用思想は、ロシア海軍の影響を避けがたく受けている。

中国海軍も、旧ソ連海軍同様、空母戦闘群による戦闘では米海軍に勝ち目がなく、米海軍との戦闘を現実のものとして考えるのであれば、潜水艦兵力を増強しなければならないのだ。そして、中国海軍も多くの潜水艦を開発し、また、ロシアから購入してきた。

二〇一三年五月には、日本のメディアが中国海軍潜水艦の活動の活発化に懸念を示した。二〇一三年五月二日、一二日、一三日、一九日と、立て続けに日本の接続水域を潜没航行するなど、中国海軍潜水艦の行動は、ことさらに日本の目に付くように行われているようにも見受けられる。

しかし、中国海軍の潜水艦オペレーションは順調に発展してきた訳ではない。

そもそも、中国の潜水艦が、日帰り訓練から脱却して昼夜を問わず訓練し、その訓練海域を拡大して中程度の遠洋航海能力の獲得を目指し始めたのは、潜水艦訓練法の改革が行われたと言われる二〇〇四年前後である。

潜水艦の実戦的訓練を開始してから、ようやく一〇年が経ったばかりなのだ。しかし、当時の訓練は、効率化を図るために数隻が同時に出港して訓練を実施したとするなど、必ずしも潜水艦の近代的運用を理解していたとは言えない。

中国は現在、六五隻の潜水艦を保有している。このうち、四隻はＳＳＢＮ（戦略原潜、「夏」級×一、「晋」級×三）、五隻はＳＳＮ（攻撃型原潜、「漢」級×三、「商」級×二）である。通常動力型潜水艦五六隻のうち、旧式の「明」級を除く三六隻は一九九九年以降に就役した新しい型の潜水艦であるが、次々に新しい型が開発されると同時に、ロシアからの輸入も継続している。

これは、中国の国内潜水艦建造技術が未だ満足できるレベルに達していないことを示唆している。また、中国海軍の潜水艦の運用にも、未だ多くの問題が存在する。潜水艦運用思想に関する問題および後方（補給、整備など）の問題、装備に関する技術的問題は全て深刻である。

「商」級／093型原子力潜水艦。攻撃型原潜は、空母戦闘群の重要な構成要素でもある。（写真提供：海人社）

中国海軍潜水艦の訓練は、二〇〇〇年代初頭まで、ほとんど日帰り訓練であった。朝、出勤して潜水艦のエンジンをかけて出港し、訓練を実施して帰投、入港して家に帰るという訳だ。

二〇〇七年二月、米国のＦＡＳ（米国科学者連盟）は、米海軍などの分析として、中国全潜水艦部隊で二〇〇六年に実施されたパトロールはたった二回だとしている。二〇〇五年には全く実施されず、それ以前も平均すると年三回に満たない。

短期間の航海を主としていたことから、中国海軍は、当時、沿岸海域で上陸阻止のために敵艦艇を撃破するという潜水艦運用思想であったと考えられる。また、当時の主力であった「明」級潜水艦で長期行動をするのは、相当の苦労を伴ったであろう。

実際に、「明」級「３６１艦」は、二〇〇三年五月に、潜水艦学院の学生一三名を含む乗員全員が死亡するという事故を起こしている。中国の報道などによれば、当時、北海艦隊所属の「361艦」は、渤海で「静音航行」訓練をしつつ、青島に帰投する予定だった。最後の通信から一〇日経って、初めて陸上司令部は異常に気付いたと言う。

同艦は、漁船に発見されたとき、半潜没状態であり、艦内に火災の痕跡などがなかったことから、シュノーケリング実施中に、吸気管の安全弁が閉じた状態でディーゼル・エンジンを運転したことが事故の原因と見られている。

乗員は一酸化炭素中毒で死亡したと考えられるのだ。機械的故障の可能性もあるが、深度がうまく保てずシュノーケルが波を被る状態が続いた可能性も指摘された。

また、報道中の訓練状況からも、中国海軍の潜水艦運用にかかわる問題を窺い知ることができる。二〇〇三年七月の『現代兵器』は、潜水艦による魚雷発射訓練を報じている。この記事には、潜水艦が浮上した状態で「魚雷を試射」する写真が掲載されている。

魚雷が水面を跳ねるように航走する写真を見れば、潜水艦乗りでなくとも違和感を覚えるだろう。記事を見ると、訓練魚雷の発射訓練であったようだが、単に報道用の写真を撮るために浮上して魚雷を発射した可能性もある。いずれにしても不思議な光景を報道することになってしまったものだ。

二〇〇五年二月一日の『解放軍報』は、「宋改」級／039G型潜水艦「314号」の艦長を特集している。「314号」は「宋」級／039型を改良した039G型一番艦である。彼が艦に着任した際、旧型艦と違って配管・配線がびっしり並び、スイッチ類が多いことに、「艦内に入って茫然とした」としている。

着任後、彼は、艦内の構造を一つ一つ調べ、一メートル余りの高さに積まれた資料を解読し、一八万字に及ぶ学習ノートを作成して艦を理解したと言う。努力は美談であるが、系統だった教育訓練の欠如を示唆する内容にもなっている。

しかし、二〇一〇年前後に中国潜水艦の行動に変化が見られる。遠洋航海訓練および行動に関する報道が増加しているのだ。中国が徐々に潜水艦の運用を理解し、実際に運用し始めたということだろう。

報道される訓練内容も、複合訓練ではないものの、航海訓練の他に、対潜水艦戦、対水上艦戦、航空機対処、機雷敷設訓練などが挙げられている。記事の多くは、乗員がいかに困難を克服して成果を上げたかを賛美するものだが、ときどき用いられる「高温、高湿度、高雑音という劣悪な条件下」という言葉は、中国潜水艦の雑音が大きいことを裏付けるものだ。

こうした「劣悪な条件下」で、多くの乗員が、口の中に潰瘍ができたり、衰弱したりしたと報道されている。その他にも、遠洋航海常態化に伴う種々の問題が示されている。その中でも、「保障」の問題は興味深い。「保障」は広い概念で、整備および補給、調理、衛生などを含む後方業務を指す。

中国人民解放軍は、補給に関して大きな問題を抱えている。二〇一〇年には、全国規模の補給演習を行うと大々的に報道したが、その後、演習の内容どころか、演習を行ったという報道さえ、なされなかった。一般に、当該演習が惨憺たる結果に終わったために報道できなかったのではないか、と言われている。

中国海軍にとって、補給は現在でも大きな問題である。二〇一二年一二月六日の新華社などが、「東海艦隊が西太平洋において『総合補給訓練』を実施した」と報道するように、未だ、補給は特に重視されるべき項目なのだ。

確かに、洋上補給は海軍艦艇が行動する上で不可欠のものである。繰り返し訓練も行う。しかし、艦隊を組んで応用訓練を実施する際には、実際に洋上補給することはあっても、重要な訓練項目になるとは思えない。

さらに興味深いのは、中国海軍が認識する「補給を頻繁に必要とする理由」の一つに「食事」があることだ。中国の『軍事経済研究』二〇一一年第三期の「潜水艦航海中の飲食に関する概論」は、「潜水艦部隊の行動が近海から遠洋へと向かう過程にあって、いかに飲食の保障を向上させるかは、海軍後方部門が解決すべき重要な問題である」としている。

二〇〇九年頃、中国海軍に、「中華料理を食べるので頻繁に補給が必要なのではないか」という議論があった。欧米の艦艇の食事を学ぶべきだと言うのだ。

しかし、この問題の解決は難しそうだ。早くも二〇〇四年には、人民解放軍総後勤部の承認を経て「中華料理と洋食を結合し、製品化して提供する」ことを主とする飲食保障の新モデルが作られた。

しかも、これに先立って、数年をかけて、研究員か「海軍艦艇部隊飲食保障メニュー指南」「海軍艦艇部隊中華料理洋食メニュー管理システム」「海軍艦艇部隊飲食保障方法」など、六種類の基礎的研究を完成し、食品加工方法、機械設備の装備、遠洋航海用食品改良の三つの標準などを定めたとされることから、「中華料理が問題だ」という意識は二〇〇〇年前後には共有されていたと考えられる。

それが、現在に至るまで解決されていないのだ。二〇一一年二月には、未だ「単一の食事構造を打破して中華料理と洋食の結合を進める」という報道がなされている。

また、二〇一三年五月の『解放軍報』は、「潜水艦乗員は、三日間熱い料理を食べていない」という内容の報道をしている。これが美談になっていること自体、現在でも食事が大きな問題であることを示唆している。

潜水艦の遠洋航海に伴う補給などに関する問題は食事だけではない。中国海軍では、二〇一〇年前後になっても、遠洋航海に出る潜水艦の整備・補給は実施されるが、それ以外の潜水艦がなおざりにされることが問題視されていた。

二〇一一年三月の報道では、ある潜水艦支隊が、「過去に、『昼夜連続航行訓練』を実施する潜水艦に、塩と間違えて砂糖を搭載したために、乗員の体調に変調をきたし、訓練の効果に大打撃を与えた」経験を踏まえて、二〇〇九年から補給部門の人間が潜水艦の行動に随行して、多くの難題を解決し、乗員の満足度を大幅に向上させたとしている。

また、当該潜水艦支隊は、数千万円の投資をして、複数の埠頭で同時に補給できるようにした。さらに、遠洋航海から帰投した潜水艦には、支隊岸勤部が直ちに乗り込み、物資消費に関するデータを集め、乗員の健康状態を確認し、科学に依拠して保障を向上させていると言う。

また、二〇一一年一二月七日の『解放軍報』は、「ある潜水艦支隊は、遠洋航海のための保障という難題を解決するために、遠洋航海の補給に適応した『潜水艦遠洋航海準備の任務と基準』を制定した」と報道し、潜水艦の遠洋航海のための補給などが、いかに大きな問題であるかを示している。

さらに、潜水艦の整備についても問題は指摘されている。二〇一三年七月二三日の「寧波網」によれば、以前は、一隻の潜水艦を整備するのに複数のドックでそれぞれ部分的な整備を行っていたため、非効率的で長時間を要したが、東海艦隊装備部は整備方式を改め、一つのドックで全ての整備作業を実施させ、複数の潜水艦の同時整備を可能にした。三カ月を要した整備が、一カ月に短縮できたとする。

ただ、当該記事はまた、「ハード面の保障」を向上させるだけでは不足だと述べる。装備を使用する際に、潜水艦乗員に安心感がないことがその理由だ。支隊装備部は、装備品を安全に使用できると信じさせる「ソフト面の保障」の重要性を認識したとしているが、整備の問題であると同時に、系統立てた教育訓練がなされていないことに起因する問題でもある。

潜水艦の技術的問題と言えば、まず思いつくのが雑音の問題である。潜水艦が発する雑音の一つが、スクリューの回転によって生じるキャビテーション・ノイズであるが、中国は最近、この問題を解決したという。

二〇一三年一月二二日の「中国国防科技信息網」は、中国の企業が開発した大型精密旋盤が国家科学技術賞を受賞したとしている。この機械が潜水艦スクリュー用の巨大旋盤なのだ。

それまでのスクリュー製造は手動旋盤を用いていたため精度が低かったが、日本およびドイツの技術に並ぶ当該旋盤の導入により、静粛性の高いスクリューを製造することが可能になったと言う。

こうした技術革新により、今後建造される潜水艦のキャビテーション・ノイズは低減されてくるかも知れない。

しかし、雑音を発するのはスクリューだけではない。モーターやその他の機器も音を立てる。こうした音を一つ一つ潰していくのには、個々の部品の精密な仕上げなど、細部にわたる精緻な作業が必要とされる。いくら最新の機能を有する装備であっても、細部の作り込みや設置に雑な部分があれば、雑音を立ててしまうのだ。

中国海軍が、潜水艦の運用能力を向上させるために継続する努力には並々ならぬものがある。しかも、同盟国のない中国は、誰かに潜水艦運用を教わることができなかった。ロシアでさえ、これまで中国を警戒して、装備品は供給しても運用のノウハウは教えないのが普通だった。

先生がいないまま手探りで能力向上を図ってきた苦労は並大抵のことではない。こうした努力の積み重ねで、極近海でしか行動できなかった潜水艦が、その行動範囲を広げている。

一つ不思議なことは、各種の努力が支隊ごとに行われているように見えることだ。報道を通じて自らの実績をアピールしようとする側面は否定できないが、やはりこの状況は、中国海軍として系統的な運用ができていないことを示唆している。

しかし、その状況も変わるかも知れない。ロシアが中国の潜水艦乗員の教育訓練を実施していると言うのだ。二〇一三年七月二三日の『環球時報』は、ロシアの報道として、「現在、一四〇名の中国軍人がロシアの高等学院で教育を受け、訓練センターは中国水上艦艇、潜水艦、航空機搭乗員および対空砲要員に対して訓練を実施している」としている。

ロシア海軍のノウハウを学ぶことができれば、中国海軍潜水艦の運用レベルは急速に向上する可能性がある。

もう一つは、国防白書でも触れられた、「統合運用および戦争準備の強化」という意識である。「建設」から「運用」への意識の変化が現実になれば、海軍として系統立てた問題解決が可能になるかも知れない。

実際のロシアの支援の度合いはわからない。二〇〇〇年代半ばに、中国軍人がロシア軍に対して述べていた不満やロシアの態度を考えると、中国海軍が望むレベルの支援を実施しているとは考えにくい。

また、ロシアの支援を賛美する報道は、米中接近に対してロシアとバランスをとろうとする動きを示すものかも知れない。それでも、中国海軍は潜水艦の戦力向上をあきらめないだろう。米国あるいは米海軍に本気で対抗するつもりなら、中国海軍の主力は潜水艦にならざるを得ないのだから。

日帰り海軍からの脱却

現在の中国海軍の主要な課題の一つが、艦隊の機動運用である。

中国海軍が、中央の指揮能力を強化し、全ての艦隊を機動運用する努力を開始したのは、二〇〇〇年代半ばである。

二〇〇四年の中国の国防白書では、「戦略機動」という言葉が一回使われたのみで、部隊の機動運用には触れられていないが、二〇〇六年の国防白書は「機動」という言葉を五回使用し、初めて海軍の「機動作戦能力」に言及した。

「海上機動兵力の建設」と「海上一体化作戦能力の向上」は、中国海軍にとって喫緊の課題なのである。

二〇一三年の西太平洋における三艦隊合同演習の名称が「機動5号」と名付けられていることからも、海軍の機動能力向上という目的のために計画された訓練であることが理解できる。

三艦隊を機動運用するということは、これまで各艦隊司令部がそれぞれの艦隊を指揮していた状況を改め、中央に実質的な指揮能力を持たせることでもある。

また、中国軍機が第一列島線を越えて西太平洋での海軍演習に参加しているが、航空機との協同も二〇〇〇年代後半から繰り返し実施されてきた「一体化作戦能力」向上のための訓練である。

「機動5号」演習の主な特徴は、対抗戦形式の訓練を実施したことだ。中国では、「何日も連続

中国海軍ヘリコプター搭乗員（向かって左から2人目が機長）。中国海軍が応用訓練を実施できるまでには時間が必要かも知れない。（2004年6月、海軍武官団中英共同演習視察）

して対抗形式の実動演習を実施した」と報道している。中国海軍の対抗形式の演習は初めてではないが、「何日も連続して」ということが重要なのだ。

しかし、それでも、「連続した訓練」であったかどうかは疑問だ。報道の中で、「第〇回対抗訓練」という表現が見られるからだ。訓練の合間に参謀たちは問題を解決し、次の訓練に反映したと言う。

艦隊が対抗するのだから、主たる訓練は対水上戦である。ヘリコプターを使用したOTH-T（オーバー・ザ・ホライズン-ターゲッティング）が対水上戦の鍵だと報じている。

OTH-Tとは、艦艇搭載レーダーの電波が届かないレーダー水平線以遠の敵水上目標を、ヘリコプター等でターゲティングするものだ。現在の中国海軍は、対水上戦の戦術を研究する段階であり、連続した応用訓練が実施できるまでは、まだ時間が必要かも知れない。

そもそも中国海軍が近代海軍の運用を実践し始めてから一〇年程度しか経っていない。中国海軍が「遠洋航海訓練の常態化」を強力に推進し始めたのは二〇一〇年である。それまで、中国海軍にとって、長期間の行動ですら特別なことだったのだ。

当時、中国海軍内で、俗に「七日の痒み」と言われていた艦艇乗組員たちの症状がある。「七日の痒み」とは、艦艇が出港後一週間以内に、乗員が精神的プレッシャーに潰され消極的な精神状態に陥ることである。

それも仕方のないことだ。それまでの中国海軍の主要な任務は、沿岸海域において、侵攻して来る敵艦隊を撃破することだった。外洋に出てオペレーションすることは考えられていなかったのである。中国本土を防衛することこそ重要だったのだ。

当時の中国海軍の作戦は、駆逐艦やフリゲートなどの艦艇が、各個に島影などに隠れてゲリラ戦をしかけるといったものだった。艦艇の構造も、外洋を航行するのに適した構造にはなっていなかったのである。

中国海軍が、「艦隊」を意識し始めたのは二〇〇〇年初頭である。中国では、二〇〇三年に「初の混合艦隊」による訓練が実施された。混合艦隊とは、駆逐艦とフリゲートといった異なる艦種を組み合わせた艦隊のことを言う。

海軍の艦隊は、それぞれの艦の特徴を有機的に結合して形成され、戦闘力を高めるものだ。こうした艦隊の運用を始めたのが二〇〇三年なのである。それまでは、個艦が日帰りで訓練するも

武官団視察時の展示訓練の様子。極めて統制のとれた様子で繰り返す。（2003年8月、チベット某部隊）

のだったのだ。

二〇〇〇年代初頭、中国海軍の艦艇を視察した海上自衛官は、「この艦は展示用の艦に違いない」と言った。発電機などの補機類の運転音が全くしなかったからだ。また、艦内に人の気配もなかった。

確かに中国人民解放軍は、外国軍の訪中団に視察させるための展示用部隊を擁している。部隊の視察に行った際に、兵隊達が訓練動作を、極めて統制のとれた様子で繰り返しているのを見ると、よく行き届いた訓練振りに感嘆する。

これが、見せるための訓練ではなく、実戦のための訓練でも同様に統制がとれているとしたら、中国人民解放軍は精強な軍であると言えるが、残念ながら実戦部隊の訓練情況を視察する機会はなかなか与えられない。海軍だけが、実戦部隊やこれまで外国軍（ロシアを除く）の軍人が目にすることがなかった部隊の公開に積極的であった。
しかし、二〇〇〇年初頭、中国海軍ではまだ日帰り訓練を繰り返す部隊が主流だった。朝出勤して艦に乗り組み、エンジンをかけて出港する。訓練を終えたら帰港してエンジンを切り、お疲れ様と言って帰宅する、という状態であったのだ。

海軍を古くから運用している先進国の海軍では「艦艇が家だ」と教えられ、実際、航海中だけでなく、停泊中も艦艇で生活する。長期航海においては、艦艇での生活を特別なものと感じては、任務の遂行などおぼつかないからだ。

視察に訪れた海上自衛官が感じた違和感は、実際には、展示用部隊だけでなく、中国海軍の一般的な状況に対するものであったのだ。中国の艦艇は、入港中には乗員が乗っておらず、したがって生活に必要な電力も必要なく、補機が回っていなかったのである。

こうした艦艇乗員の意識を変えるのは容易なことではない。

また、中国海軍が「遠洋航海訓練の常態化」を進めるためには、洋上補給の訓練は不可欠である。もちろん、海上自衛隊や米海軍でも洋上補給訓練を実施する。洋上補給時に並走する運動訓練も行われる。しかし、洋上補給が艦隊訓練の中で主要な訓練項目として取り上げられることには違和感がある。

洋上補給が簡単だという訳ではない。しかし、できて当たり前、いやできなければ長期の洋上での行動ができないということになってしまう。

中国海軍は、洋上補給の強化を進めてきた。艦隊訓練を実施するたびに、洋上補給訓練を繰り

補給艦「887 微山湖」から補給を受ける052B型駆逐艦。中国海軍は、洋上補給能力の向上を図っている。（写真提供：海人社）

返してきた。二〇一四年のリムパックに初めて参加した中国海軍は、補給艦「千島湖」を帯同し、中国メディアによれば、洋上補給訓練も実施した。

中国海軍として、初めて、他国の海軍艦艇と洋上補給のための位置に占位する戦術運動訓練も実施している。中国海軍は、洋上補給に関して、自信を付けつつあるのだ。

一方で、多国間演習に参加することで、中国海軍が学ぶことも多いだろう。海軍のマナーだけでなく、細かい運用のノウハウなども目の当たりにすることができるのだ。

中国海軍が大型艦艇を世界中の海域に派遣するために、補給能力は不可欠である。洋上補給による補給のみならず、中国はインド洋沿岸部に管轄権を有する複数の港湾を整備している。

中国は、世界中の各海域において艦隊を活動させる準備を着々と進めているのだ。

［用語解説］

【イージス艦】イージス・システムを搭載する海軍艦艇。イージス・システムは、フェーズド・アレイ・レーダー（SPY-1レーダー）、意思決定システム、イージス・ディスプレイ・システム、武器管制システム、射撃指揮システム、ミサイル・ランチャー、スタンダード・ミサイルから構築され、米海軍によって、主として経空脅威対処のために開発された。

【駆逐艦】対水上戦における主要な兵器が魚雷であった時代、水雷艇を駆逐するための艦艇という位置づけであった。現在では、駆逐艦より大型の戦艦や巡洋艦は消えつつあり、海軍の主要な大型艦艇として、対空、対水上、対潜戦全ての任務に対応している。

【コルベット】帆船時代は、フリゲートより小型で、艦砲を備えた艦を区分した艦種。現在では、駆逐艦、フリゲート、コルベットともに、全ての任務に対応できるよう設計されることが多く、大きさ以外に大きな差はない。

【フリゲート】帆船時代から残る艦艇の種別。帆船時代は、戦列艦より小型で、護衛・哨戒等を主たる任務とした。現在では、駆逐艦との区別は、大きさ以外にはほとんどない。

第五章

ゲームチェンジャーの登場なのか?

中国の極超音速飛翔体の発射試験成功

第1章で述べた中国の極超音速飛翔体の発射試験成功は、中国の戦略兵器およびミサイル開発計画の大きな進展を意味している。中国が、未だ誰も確立していない新たな戦略兵器製造の技術を手に入れようとしているのだ。しかも、中国の白国開発である。米国がWU-14と呼ぶ中国の極超音速飛翔体は、中国の大陸間弾道ミサイルを利用できるようにデザインされている。

米国防総省は、中国が発射実験を行ったことは認めたものの、飛翔の経過および実験結果について詳細を述べていない。米軍が探知した内容を明らかにすることは、米軍の情報収集能力を明かすことにつながるからである。

各国軍は、常日頃から、他国軍の動向について情報収集しているものだ。米軍が、中国の極超音速飛翔体の存在を知ったのも、今回の試験においてではない。米国は、以前から、中国の極超音速飛翔体の開発の動向を注視してきた。

現に、米国では、中国の極超音速飛翔体開発の情況が以前から認識されている。二〇一三年の米国防総省の中国軍事に関する議会報告書には、マッハ五から九の風速を作り出す、JF－12と呼ばれる世界最大の風洞実験装置の存在が記されている。

米国の情報機関は、報告書として公表する以前から兆候を摑み、分析していたはずだ。情報収集し、分析していなければ報告書にまとめられないからだ。この報告書は、この風洞が、中期から長期（二〇〇六年から二〇二〇年）の科学技術開発プロジェクトのためのものだとし、民と軍の宇宙の分野の研究開発を支援するものだと述べている。

風洞実験施設は、飛翔する物体の抵抗や周囲の空気の流れを計測するためのものである。中国のこの風洞実験施設は、中国が極超音速で飛行する物体に関する同様の実験・計測を行ってきたことを意味している。

極超音速飛翔体を開発しているのは中国だけではない。もちろん、米国も開発している。ロシアが研究開発に取り組んでいることも知られている。そして、インドもブラモス・ミサイルの発展形として研究していると言われる。ロシアとインドが共同開発、あるいは、開発における協力をしているという分析もある。

図表2　極超音速飛翔体

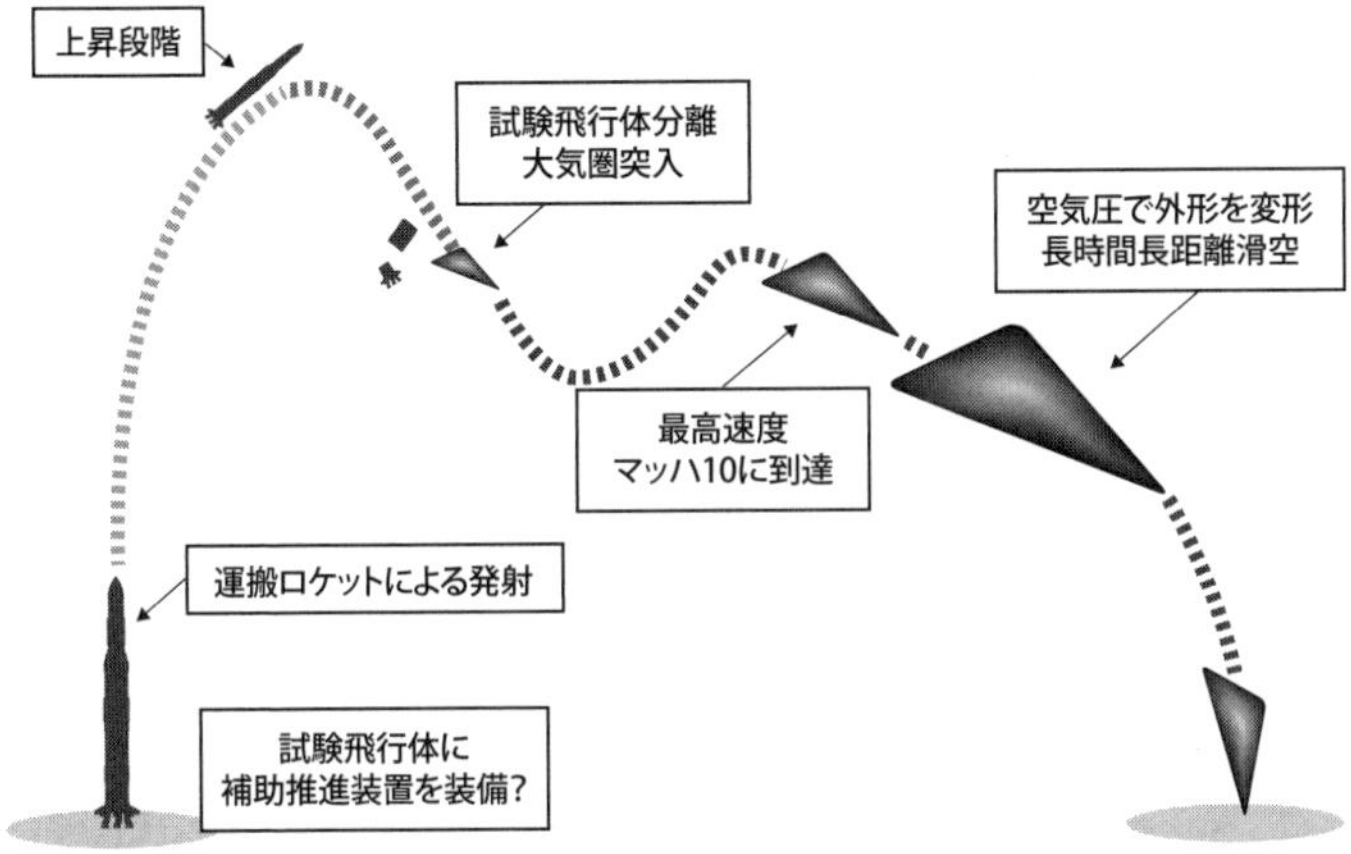

（出典）環球網HPより著者作成。

しかし、実際に発射実験に成功したのは、二〇一四年九月現在、未だ二カ国だけである。米国と、そして二カ国目が中国なのだ。しかも、米国の発射実験では、所期の飛行時間を飛行することができなかった。

米国のＨＴＶ－２（極超音速試験機）の飛行速度は、その試験中、マッハ二二に達した。しかし、飛行状態を正常にコントロールできず、飛翔体は海面に墜落した。姿勢を崩して墜落したのではなく、正常に制御できなくなった場合は自動的に海上に墜落するよう、最初からプログラムされていたのだ。

しかし、飛翔体が超音速で飛行している間に、解析に必要なデータが収集されている。必要なデータを収集することができたという意味で、実験は成功である。このデータは、極超音速飛翔体開発を加速させる。

この極超音速飛翔体という戦略兵器が国際

秩序を変えるかも知れないほどの潜在力を有している理由の一つは、既存のBMD（弾道ミサイル防衛）システムで撃墜することがほぼ不可能ということだ。マッハ五以上という速度と、自ら滑空して運動できるということが、既存のBMDによる対処を困難にしている。

米国のミサイル防衛に対する挑戦とも言える兵器であるからこそ、米国は中国のこの兵器開発に敏感に反応しているのである。

一方で、極超音速飛翔体が取り沙汰される理由の一つに、開発の難しさがある。極超音速とは、一般的にマッハ五以上の速度を言う。現在、最速のジェット戦闘機の速度がマッハ三程度であるから、いかに速い速度であるかが理解できる。

さらに、米国のある分析によれば、中国は二つの極超音速飛翔体開発プロジェクトを進めていると言う。中国は、米国と同様に、異なる種類の極超音速飛翔体の実験を行っているのだ。

WU–14は、弾道ミサイルの弾頭部分に搭載されて亜宇宙空間で切り離されて滑空するが、もう一種類は、地上あるいは爆撃機から発射され、自らが搭載するスクラムジェット・エンジンの推力によって極超音速で飛行するものだ。

戦闘機などに搭載されるジェット・エンジンは、エンジン・インレット（吸気口）から流入した空気をコンプレッサーで圧縮し、この圧縮された空気の中で燃料を燃焼させることで、大きな爆発、すなわち、大きな推進力を得ている。

原理は同じでも、超音速の領域、特にマッハ三〜五を動作域とするエンジンがある。高速飛行に伴うエンジン・インレット付近に生じるラム圧を利用して、効率よく吸気・圧縮を行う、ラムジェット・エンジンである。ラムジェット・エンジンは、超音速で流入する空気を亜音速まで減速して燃焼させているが、飛行速度がマッハ五を超えると、流入空気を亜音速まで減速することが困難になる。超音速の空気流の中で燃料を燃焼させなければならなくなるのだ。

この燃焼を可能にし、広い超音速域での動作を可能にしようというのが、スクラムジェット・エンジンである。しかし、超音速の空気流の中で安定した燃焼を継続するのは、技術的には大変な困難を伴う。

地上あるいは航空機から発射され、極超音速で飛行するということは、自ら動力を持つということである。中国は、スクラムジェット・エンジンを用いた極超音速飛翔体の開発も進めているというのだ。中国の兵器開発にとって、戦闘機に搭載する高性能航空エンジン関連技術はウィークポイントである。スクラムジェット・エンジンにはコンプレッサーなどの複雑な構造は用いられないものの、極めて高い技術が要求されることに違いはなく、中国がどこまで開発できているのか興味深い。

だからと言って、一方の、自らの動力を持たないタイプの極超音速飛翔体の開発には高い技術が必要とされないということではない。

米国のＤＡＲＰＡ（国防高等研究計画局）は、ＦＡＬＣＯＮ（米国本土からする兵力の投入および発射）プログラムの一部として、大陸間弾道ミサイルを利用するＨＴＶ-２を開発している。ＤＡＲＰＡによれば、ＨＴＶ-２の開発に当たって、三つの鍵となる技術があるという。

一つ目は、空気力学である。物体が空中を進むとき、その物体は空気を切り裂いて進んでいる。

極超音速で飛行する物体には、極めて大きな圧力がかかり、物体の周辺を流れる空気を安定させることも難しいのだ。

二つ目は、空気との摩擦によって生じる熱である。亜宇宙から大気圏に再突入するＨＴＶ-2の表面温度は二〇〇〇度近くに達する。機体自体がこの熱に耐える必要があるだけでなく、飛翔体内の機器にこの熱が伝わらないようにしなければならない。ＨＴＶ-2には、炭素複合素材が使用されているが、ここにも極めて高い素材技術が必要とされる。

三つ目は、誘導、航法およびコントロールである。マッハ二〇以上の速度で飛行するＨＴＶ-2は、少しの姿勢変化でもコントロールを失う可能性がある。米国のＨＴＶ-2は、発射実験の際、マッハ二二で飛行中にコントロールを失って海上に落ちたのだ。

中国は、これらの課題をある程度クリアしている。中国は、まだ十分な国防予算が組めなかった一九五〇年代から、核兵器の開発にこだわった。こだわったのは毛沢東だ。核兵器に関する技術は、旧ソ連から得ている。

毛沢東の「核戦争になっても別にかまわない。世界に二七億人がいる。半分が死んでも後の半分が残る。中国の人口は六億人だが半分が消えてもなお三億人がいる。我々は一体何を恐れるのだろうか」という核戦争論はあまりにも有名だ。非合理の合理性である。狂気を示して他を恐れさせたのだ。

この発言は、一九五七年一一月に旧ソ連で開催された社会主義陣営の各国首脳会議で飛び出したものだが、この発言を公表したのは他ならぬ中国である。二〇一一年一月に、『人民日報』の

WEBサイトである「人民網」が、記事として掲載したのだ。

一九五〇年代後半から、中国は核兵器の開発とその運搬手段としてのミサイルの開発に心血を注ぎ始めた。通常兵器の近代化は後回しにし、核弾頭を搭載する大陸間弾道弾の開発に集中したのだ。

その努力は、現実に実を結んでいる。すでに中国は、米国本土を全て射程に収めるDF－31大陸間弾道弾を保有している。そして、二〇〇三年には、有人宇宙飛行にも成功した。ロケットの技術とミサイルの技術は基本的には同じである。ロケットを打ち上げて正確な軌道に乗せることができるということは、核弾頭を計算どおりの放物線を描いて飛ばすことができるということである。大陸間弾道弾の命中精度を高めることができるのだ。

旧ソ連から技術供与を受けたとはいえ、それだけで大陸間弾道弾を開発できる訳ではない。中国は、旧ソ連から得た技術を発展させ、自らのものにしたのである。中国の、宇宙およびミサイル関連技術をあなどることはできない。

ロケットで打ち上げ、亜宇宙空間で弾頭から切り離されるWU－14は、大陸間弾道弾の技術を発展させて開発されたものである。極超音速飛翔体について、中国が自ら開発する能力を有していると考えるのは合理的なのだ。

戦略兵器であるとはいえ、大量破壊兵器や生物兵器でないならば、中国が兵器を開発するのは中国の問題であって、基本的に他国が口を挟むことではない。しかし、この戦略兵器をどのような意図を持って開発しているのかについては、注目していかなければならない。

極超音速飛翔体は、大国間のパワーバランスを変化させ、国際社会の秩序さえ変化させる可能性を持つ戦略兵器なのだ。

極超音速飛翔体とは何か？

なぜ、このような戦略兵器が誕生することになったのだろうか？

米国が極超音速飛翔体を開発し始めたのは、冷戦の終結と関係している。冷戦終結後、米国は同盟国などに置いていた前方展開基地を再編成する必要に迫られた。冷戦期には、米軍の前方展開基地は、主として欧州とアジア地域に配置されていた。

冷戦期に想定された脅威とは、旧ソ連またはその同盟国による攻撃である。米軍は、旧ソ連またはその同盟国に隣接する前方展開基地に部隊を配備することによって、旧ソ連などが米国の同盟国に攻撃を開始した場合、直ちにこれに反撃できる体制を整えていたのである。

しかし、冷戦終結後、米国の軍人および研究者などは、今後、米国は、予期せぬ地域で、さまざまな程度の軍事力を有する相手との戦争に備えなければならないと主張した。冷戦終結後、米国はすでに前方展開基地の再構築を開始していた。その多くは、規模の縮小あるいは撤退である。

前方展開基地を閉鎖される同盟国は不安である。万が一、他国などから攻撃を受けた場合、米軍が駐留していなければ、米軍が迅速にこれに対応することができないからだ。米国に対する信頼が揺らぎ、同盟関係にも影響しかねない。

一方の米国も、世界中のあらゆる地域で自らの影響力を行使するために、同盟国の存在は不可欠である。同盟国との協力関係が揺らいだのでは、米国の国際秩序維持のための行動にも支障をきたしかねない。さらに、どのような相手とどのような場所で戦わなければならないのか、予測ができないのだ。冷戦期のような固定された前方展開基地では、これらの敵に効果的に対処することは難しいと考えられた。

そこで米国は、同盟国に対して、他国から同盟国に攻撃が加えられた場合に、米国が迅速に反撃に出ることを、別の方法で保証しなければならなくなったのである。このために米国が開発を始めたのが、ＣＰＧＳ（通常兵器による即時全地球攻撃）である。

ＣＰＧＳとは、世界中のいかなる地域に対しても、一時間以内に通常兵器による攻撃を加えられるようにするものである。こう言うと、大陸間弾道弾などの戦略兵器があるではないかと言われそうだが、この場合、通常兵器でなければならない。

核弾頭を搭載した大陸間弾道弾は、核抑止に用いられるものである。使用のハードルは極めて高い。他者から核攻撃を受けた後に、初めて使用できる兵器である。相互に核抑止が効いている現状では、核兵器は実用兵器ではなく、抑止のためのみに保有されていると言える。

同盟国が通常兵器で攻撃された場合に、使用のハードルが高い大量破壊兵器を用いて反撃することは難しい。その点、通常兵器であれば即座に反撃が可能になるため、同盟国に対する米国の軍事力による防衛の保証になるという訳だ。

さらに、大陸間弾道弾の命中精度は低い。大陸間弾道弾などの命中精度を図る基準として、

ＣＥＰ（半数必中界）というものがある。発射されたミサイルのうち、半数が目標からどの程度の誤差の中に着弾するかというもので、その範囲の半径で示される。

ミサイルによって精度は異なるが、いずれにしても、目標にピンポイントで命中させることが極めて難しい。弾道ミサイルによって運搬される弾頭は、基本的には、打ち上げられた後は放物線を描いて落ちるだけだからだ。

目標を確実に破壊するためには、核弾頭によって極めて大きな破壊をもたらす必要がある。このため、大陸間弾道弾を用いた核攻撃は大量破壊を伴わざるを得ない。したがって使用のハードルが上がるという訳だ。こうした、大陸間弾道弾の問題を回避し、容易に使用できる武器が必要だったのである。

前方展開基地に頼らず、世界中どの地点に対しても直ちに攻撃ができる兵器として、米国の軍人や研究者が主張したのが長距離打撃能力であり、具体的に開発されたのが、極超音速飛翔体であると言える。

最初に開発されたのは、現在試験が実施されている極超音速飛翔体より単純な構造のものであった。開発の目的も異なる。当時の実験機は、飛行姿勢を制御する機械的機構を持たず、単に放物線を描いて大気圏に再突入するＲＶ（リエントリー・ビークル：再突入体）として開発が始まったのだ。

米空軍は、一九六六〜六八年、マッハ一五以上の速度で飛行する極超音速飛翔体の試験を四回実施し、そのうち、二回を成功させた。これに引き続き、実際に運用できるようにデザインされたＡＭａＲＶ（アドバンスド・マニューバリング・リエントリー・ビークル：最新式操縦再突入体）の試験が、一九七九〜八〇年の間に実施された。

ＡＭａＲＶが実際に兵器として配備されることがなかったのは、一九八〇年代には、大量兵器削減とミサイル防御に焦点が当てられていたからである。ミサイル防御システムの開発は加速したが、通常兵器であるＲＶの弾頭のほうは、迎撃システムに対して脆弱なままであった。

ミサイル防御はクリアしなければならない問題を多く抱えていたが、一方のＲＶはミサイル防御に対応する必要に迫られた。大気中を飛行中に、飛行経路を変えるために、空力を利用した姿勢変化のための機構を備えることが求められたのだ。

ハイブリッド・グライド・ビークルの「グライド」は、「滑空する」という意味である。ハイブリッド・グライド・ビークルは、機首を持ち上げる運動が可能である。機首を上げられるということは、単なる落下から、自ら滑空する状態に飛行形態を変えるということである。

現在のミサイル防御は、落下してくる弾頭に対処するようにデザインされている。しかし、極超音速飛翔体は、放物線を描いて落下する降下の角度より浅い角度で目標に突入できる。低空で突入することによって、被探知（探知されること）のタイミングを遅らせることができる。

探知するのが遅れるということは、探知してから目標に到達され破壊されるまでの時間が短くなるということであり、その目標に対処できる時間が短くなるということである。探知を遅らせることによって、敵のミサイル防御を生き残り、より確実に目標を破壊できるようになるのだ。

さらに、飛行姿勢を制御できるということは、目標に向けて正確に誘導できるようになるということである。精密攻撃が可能になるのだ。

ジョージ・ブッシュ政権が通常兵器による長距離精密打撃能力の構築に興味を示したことは、二〇〇一年に発表された「NPR（核態勢見直し報告書）」の内容に見て取ることができる。通常兵器による精密打撃能力を戦略核兵力に統合し、新たに「攻撃的打撃」兵器というカテゴリーを作ったのだ。

当時考えられていた兵器は、それ以前のRV兵器と同様、長距離弾道ミサイルに、核弾頭ではなく通常弾頭を搭載するという形式のものだった。こうしたミサイルを米国本土あるいは潜水艦から発射することによって、世界中のあらゆる地点に直ちに攻撃を加えることを考えたのである。

全地球即時打撃能力の必要性は、「QDR（四年ごとの国防戦略見直し）」の中でも継続的に触れられている。極超音速飛翔体の開発は、全地球即時打撃能力構築に関する複数のプログラムの中の一つである。二〇〇三年には、米空軍とDARPAが、FALCONプログラムを始動した。極超音速飛翔体開発の始まりである。

先述したように、このFALCONプログラムで実際に製造されたテスト用のビークルが、HTV-2である。当時は、HTV-2は、マッハ五で飛行することを目的としていた。HTV-2は、ロッキード・マーチン社によって開発された実験機である。DARPAが二機の実験機を調達し、米空軍が三機目の実験機についてロッキード・マーチン社と契約を交わしている。

このとき、米空軍は、HTV-2を、CSM（コンベンショナル・ストライク・ミサイル：通常兵器による攻撃用ミサイル）能力の中のPDV（ペイロード・デリバリー・ビークルズ：弾頭を運搬するビークル）として使用する計画であった。

こうした新兵器の開発には、当然のことながら費用がかかる。米国が、極超音速飛翔体開発にかけた予算を見れば、米国の関心の高さがうかがえるのだ。

二〇〇八年、米国議会は、一億米ドルの予算をつけて、CGPSプログラムを立ち上げている。米国防総省は、このうち、五六〇〇億米ドルを、極超音速滑空の実験およびコンセプトの発展に割り当てた。これが、HTV-2開発支援の予算の一部となったのだ。

このプログラムは、二〇〇九年に四二〇〇万米ドル、二〇一〇年に九〇〇〇億米ドルの追加予算を得ている。オバマ大統領は、二〇一一年に、一億三六五〇億米ドルの追加予算をこのプログラムに注ぎ込んだ。

これらの予算は、HTV-2の飛翔試験および弾頭を運搬するためのCSMのデザイン、弾頭運搬ビークルとしてのミノタウロス・ロケットの適性の確認などに用いられる。

オバマ大統領が、このプログラムに並々ならぬ意欲があるのは、CGPSを、核兵器廃絶の切り札にしたいという思惑があるからだ。実際には、核兵器を廃絶するのは難しく、極超音速飛翔体は、核兵器と通常兵器の間を埋める戦略兵器という性格になるだろうと考えられる。

しかし、一方の中国が極超音速飛翔体を開発する理由や目的は明らかではない。中国は核弾頭を搭載する可能性すらあるのだ。意図がわからないことほど恐ろしいことはない。米国は、何が何でも中国の極超音速飛翔体への対抗手段を構築しようとするだろう。

中国の戦略兵器開発に神経を尖らせる米国

「報道には信憑性があると信じている」

二〇一四年一月二三日、国防総省での記者ブリーフィングにおけるロックリア米太平洋軍司令官の発言である。「中国が極超音速飛翔体の試験を行った」という報道について、記者の質問に答えたものだ。

この極超音速飛翔体は、近い将来、国際社会の戦略バランスに変化をもたらすかも知れない。それほど画期的な戦略兵器なのである。すでに、中国が極超音速飛翔体の試射に成功したことが、米国の対中認識にも変化を与えているかも知れない。

認識が変われば態度も変わる。『朝日新聞』の報道によれば、「米国がアジアでの領有権問題に踏み込んで中国批判を強めている」と言うが、中国に対する脅威認識の高まりも影響していると考えられる。

二〇一四年一月二八日には、米国防総省のケンドール国防次官が下院軍事委員会で、「米軍の技術的優位性は、アジア太平洋地域を中心に、過去数十年で経験したことのない挑戦を受けている」と指摘した。さらに「技術面での優位性は保障されていない。これは将来の問題ではなく、いま現在の問題だ」と述べている。

現有の通常兵器では、米中間にまだ技術的な開きがあることから、国防次官の発言は、開発中の戦略兵器に関する認識を含んだものだろう。米国の意識の変化をもたらした理由の一つが、極超音速飛翔体だということである。

中国が開発している戦略兵器は、極超音速飛翔体だけではない。中国は、まだ貧しく、各種兵器の開発ができない時代から、核兵器とこれを運搬する手段である弾道ミサイルの開発に心血を注いできた。

中国は、二〇一三年一二月、新型ＩＣＢＭ（大陸間弾道ミサイル）であるＤＦ‐41の発射試験を成功させた。ＤＦ‐41の核弾頭はＭＩＲＶ（多弾頭）化されており、一基のミサイルに一〇発の核弾頭が搭載可能であるとされる。

中国は、現在でも米国本土に到達するＤＦ‐31というＩＣＢＭを保有している。しかし、中国は、それでは満足していないのだ。新しいＩＣＢＭにとどまらず、さらに新しい戦略兵器を開発している。米国に対する抑止力をさらに高めようとしているということだ。

米国は、自国に対する抑止力を高める中国の戦略兵器開発に神経を尖らせている。米国が懸念を抱くのは、中国の意図である。中国が米国に対する抑止力を高めて何がしたいのかについて、疑念を抱いているのだ。

中国は、戦略兵器ばかりでなく、通常兵器の開発・装備も急速に進めている。これらは近代的な装備ではあるものの、米軍に勝利できるレベルにはない。特に、個々の装備ではなく、これらを有機的に組み合わせて運用するシステムやノウハウが弱い。しかし、これら中国の通常兵力は、米国以外の地域では十分に脅威になり得る。

米国が懸念するのは、「中国が米国に対して十分な抑止力を有して米国の行動を牽制し、地域内では十分に強力な通常兵器を装備したならば、中国の意図を押し通すために、周辺諸国あるいは別の地域の諸国に対して、どのような態度や行動をとるのだろうか」ということである。

実際のところ、米国は、通常兵器による戦闘で中国に負けることを意識してはいない。しかし、中国が核兵器あるいは核兵器に匹敵する戦略兵器で米国を牽制すれば、米国は自由に行動できなくなる可能性がある。

中国が周辺諸国に対して実力を行使し、一方的に自らに有利な状況を作り出そうとした際に、米国が中国に牽制されて何の行動もとれなければ、アジアにおける米国の信頼と権威は失墜する。そして、他の地域にある米国の同盟国も米国を信用しなくなる。

さらに米国の同盟国以外の国が、米国が中国に対して強く出られないと考えると、問題はさらに深刻になる。米国に敵対し、あるいは不満を持つ国が、中国の支持が得られれば米国の干渉を受けずに済むと考えれば、中国を支持して自らの利益のために国際秩序を無視した行動をとり得る。世界中で紛争が多発し、不安定化するかも知れない。

米国が、このような状況を許容できるはずがない。中国が、現在の米国が主導する（と、中国が考えている）国際秩序に不満を有しているとすれば、米中の利害は衝突することになる。

反対に、一方の中国にとって、米国が中国の自由な行動を邪魔できなくすることは、自らに有利な地域情勢創出のためには、非常に重要なことなのである。

ただし、米中関係が、以前の米ソ冷戦のような状況を引き起こすことは考えにくい。冷戦は、東西のイデオロギー対立であり、東西陣営ともにそれぞれの経済圏を有していた。東西間の経済関係は希薄だったのだ。

しかし、今後生起しうる米中の対立は、単純なイデオロギー対立ではない。それよりも、経済的利益を巡る対立といった側面のほうが強いかも知れない。さらに、米中間の経済的相互依存関係も深い。完全な対立という構造にはならないのだ。むしろ、競争に近い。

ところで、中国が対米抑止に用いたい戦略兵器の中でも、極超音速飛翔体は、米国でさえ未だ戦力化ができる段階にはない。米国が飛翔試験に成功したといっても、所期の目標であった飛行時間は達成できなかった。こうした中で、中国が飛翔実験に成功したのだ。

実際のところ、中国の極超音速飛翔体開発は、PGS（プログラム・グローバル・ストライク：即時全地球攻撃）構想から始まった米国の開発思想とは異なり、ASBM（アンチ-シップ・バリスティック・ミサイル：対艦弾道ミサイル）の性能向上を目指して開発が進められている。

ASBMは、米空母がその艦載機の行動半径以内に中国に接近するより遠くで、米空母を無力化することを目的としている。米海軍空母戦闘群が中国本土を攻撃できない状況を作り出すことが重要なのだ。

そのため、現在、中国がWU-14発射試験に用いている運搬用ロケットはDF-21のものである。DF-21は、準中距離弾道ミサイル（MRBM）から中距離弾道ミサイル（IRBM）に分類され、射程は一七五〇キロメートルから三〇〇〇キロメートルとされる。

これでは、中国本土から発射しても米国本土には届かない。しかし、国土防衛の必要から開発が始められた中国の極超音速飛翔体であっても、近い将来、米国本土を攻撃可能な飛翔体の開発に向かうものと考えられている。

米国としても危機感を持たざるを得ない。中国の対米抑止力がさらに高まることになるからだ。さらに、中国が極超音速飛翔体をどのように使用しようとしているのかも明確ではない。中国は、必ずしも、核弾頭を搭載せず通常兵力として使用するとは限らないのである。

オバマ政権は、極超音速飛翔体を核兵器根絶の切り札とも位置付けているが、中国は世界の核兵器削減の流れに逆行している。中国が極超音速飛翔体に核弾頭を装備すれば、米国に対する核抑止能力が格段に向上する。

一方で、核弾頭を搭載しなければ、使用のハードルが下がり、中国が、米国を含む各国に極短時間のうちに、精密攻撃できるようになる。しかも、中国は米国と異なり、現在の国際社会の秩序を守るためにこれを使用するとは限らない。

中国は、たとえ、現在の国際社会の秩序に反しても、自国の利益を守るためであれば、これを使用するのではないか？　これも、米国が、不透明な意図に基づいて中国が新たな戦略兵器を開発することに対する懸念になっているのだ。

そして、米国はこの懸念を真剣に考慮しなければならなくなってきた。中国が実際にこの新しい戦略兵器を開発し、発射試験に成功したからだ。中国は、すでに、国際社会の秩序を変え得る技術を保有しているということなのだ。

だからこそ、米国は、中国の意図に対する懸念を表明している。中国が極超音速飛翔体の技術を確立するのは時間の問題である。中国がこれをどのように使用する意図を有しているのかによって、米国は中国に対する態度を変えなければならない。そして、この新しい戦略兵器に対処するための方策を早急に確立しなければならないのだ。

兵器の開発も増強も、各国の自由である。冷戦期の米国と旧ソ連にしても、核兵器および通常兵器の軍拡競争を行った。相手の軍備増強を止められなければ、自らがそれ以上の軍備をするしかないからだ。

中国の意図が問題である。しかし、中国の意図がどこにあるにせよ、米国に対して使用される可能性がある以上、米国はこれに対応する措置を講じなければならなくなった。

現在のミサイル防御システムで極超音速飛翔体に対処するのが難しいのは、地上から発射するミサイルなどを用いて極超音速飛翔体に衝突させ、あるいは近傍で爆発させ、物理的に破壊するのが難しいからだ。そこで、開発が進んでいるのがＤＥＷ（指向性エネルギー兵器）である。

ミサイルなどを飛翔させて目標に衝突、あるいは近傍で爆発させて目標を無力化するのが難しいのは、迎撃用のミサイル自体の飛翔に時間を要するからである。目標を探知し追尾してロックオンしてから、実際に迎撃用ミサイルが目標に到達するまでに時間差が生じるということなのだ。

この時間差があるゆえに、この時間に目標が移動する量を補正しなければならない。極超音速飛翔体のように高速で移動する目標では、この補正量が大きくなる。そして、補正量が大きくなると誤差も大きくなるのだ。

しかし、ＤＥＷは、この課題を克服する。ＤＥＷには、レーザー光やマイクロ波などを使用するものがあるが、それらの電磁波は光速で伝搬することから、目標をロックオンするのとほぼ同時に目標に電磁波を到達させることが可能である。目標の移動量を補正する必要がなく、ロックオンは電磁波の目標への到達を意味し、目標の破壊を意味するのである。

こうした特性は、特に、大陸間弾道弾の弾頭や極超音速飛翔体のように、高速で飛行する小型目標に対処するのに非常に有効である。また、電磁波は、ミサイルなどの飛翔体のように、気流の影響を受けない。風などの影響によって、誤差を生じる可能性もないのだ。

レーザー光によって目標を破壊するためには焦点を絞る必要があるが、レーザー光などの焦点を合わせるのは技術的には難しくない。また、遠距離であろうと短距離であろうと、瞬時に焦点を合わせることができる上、電源さえ確保されていればミサイルなどのように弾切れを心配する必要はなく、発射台にミサイルを搭載するなどの時間的ロスを考慮する必要もない。

しかし、DEWには、解決しなければならない技術的な問題が残っており、いつミサイル防御兵器として実戦配備されるのか、具体的な時期は不明である。一方で、米海軍が進めるもう一つの対処法は、ネットワーク・セントリック・オペレーションの発展によるものだ。

米海軍が開発を進める、NIFC-CA（ネイバル・インテグレーテッド・ファイアー・コントロール-カウンター・エア：海軍対空統合火器管制）は、水平線以遠の巡航ミサイルなどの経空脅威に対処するためのものである。極超音速飛翔体にも有効な対処法だ。

NIFC-CAは、米海軍のIFC-SOS（統合された火器管制システム）を展開するものである。IFC-SOSとは、独立している複数のシステムを統合してさらに大きなシステムと

図表3　NIFC-CA

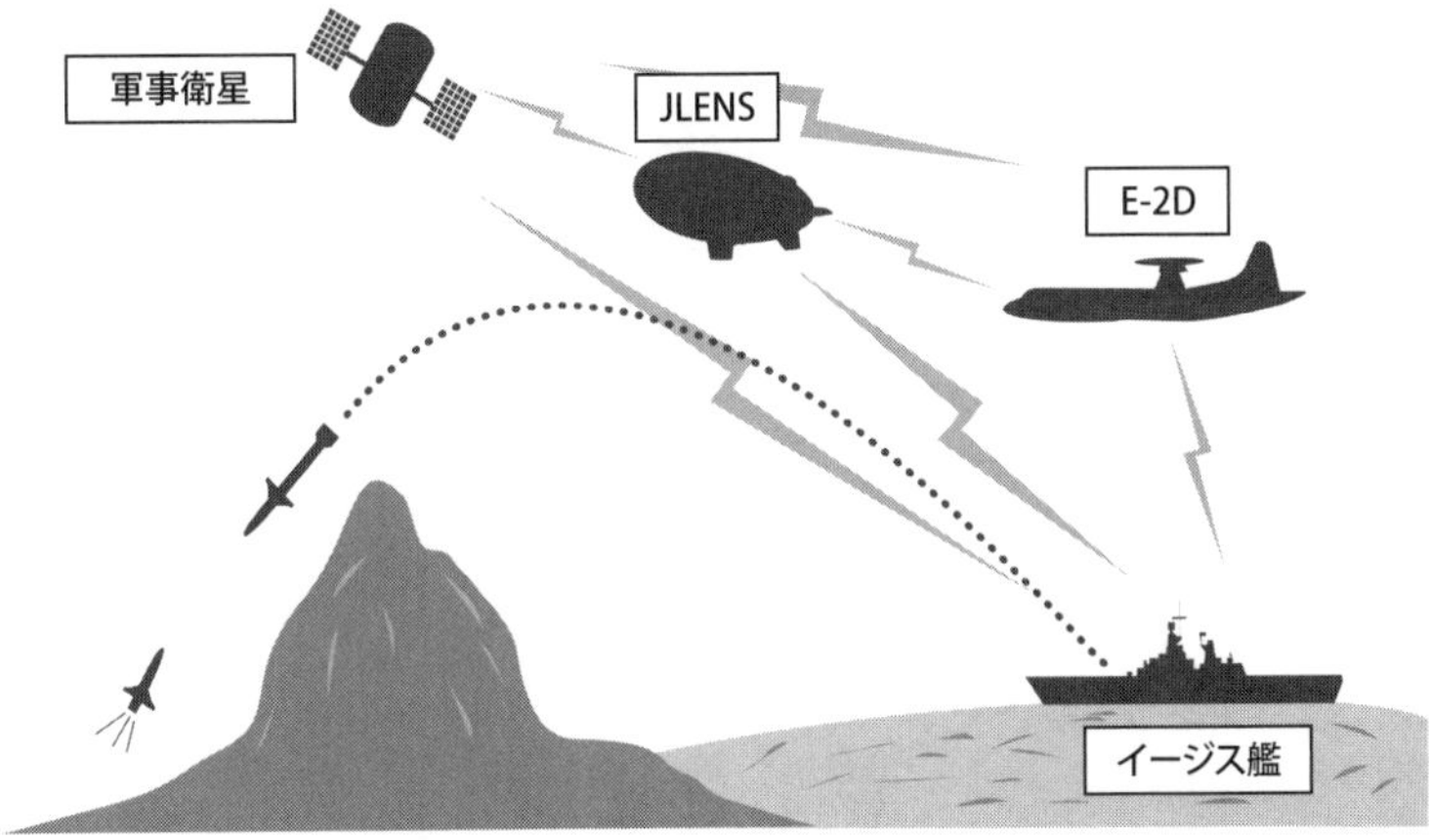

（出典）米海軍資料より著者作成。

することによって、火器管制そのものを統合するものである。

NIFC-CAのキルチェーンを構成するシステムは、E-2D早期空中警戒機、JLENS（統合された巡航ミサイル防御および対空戦闘のためのネットワーク化されたセンサー）、CEC（攻撃プラットフォームごとに選択されるセンサー群を組み合わせて実現されるIFC能力）、AEGIS（イージス・システム）、SM-6（スタンダード・ミサイル6）である。

キルチェーンとは、FIND（目標の発見）、TARGET（目標位置、針路、速力などの分析）、LAUNCH（情報の共有と最適のプラットフォームからの武器の発射）、ENGAGE（武器の誘導）という一連の段階からなる目標の廃滅を言う。

この中で武器発射の重要なプラットフォームとなるのがイージス艦であり、攻撃手段がイージス艦に搭載されるSM-6である。広範囲に存在するセンサーと攻撃プラットフォームをネットワーク化して統合し、最適な攻撃プラットフォームを選択し攻撃を実施するのだ。

広域のキルチェーン・ネットワークを構築することによって、領土あるいは被攻撃対象から、はるかレーダー水平線以遠に存在する目標を探知し、正確に攻撃することができるようになる。

米国は、自らが極超音速飛翔体による抑止力を保有しなければならないと同時に、他国の極超音速飛翔体による攻撃を無力化する能力を保有しなければならない。米国は、決して、中国が米国に対して同等の抑止力を有することを容認しないということなのだ。

極超音速飛翔体は国際秩序を変えるのか？

中国は、二〇一四年八月七日にも、極超音速飛翔体の発射実験に成功した。中国の極超音速飛翔体開発の速度も極めて速いと言える。こうした中国の開発状況は、米海軍に、極超音速飛翔体を中国の脅威の一部として認識させている。

米海軍は、中国が極超音速飛翔体を兵器として実戦配備するまでには、いくつもの難しい課題を克服しなければならないことから、まだ数年を要すると分析している。しかし一方で、極超音速飛翔体は、より低速・低高度で飛翔するASBM（対艦弾道ミサイル）を超える技術的な進歩を得たと考えている。

極超音速飛翔体は、技術的にASMBを超えるばかりでなく、さまざまな目的に利用できる可能性を秘めている。極超音速飛翔体の戦略性の高さの根源は、現段階では、迎撃手段がないことに由来している。核弾頭を搭載しなければ、使用のハードルは下がる。一方で、核弾頭を搭載すれば、その抑止力はこれまでの核兵器のそれを大きく上回ることになる。

極超音速飛翔体を撃墜する有効な手段が開発されない限り、極超音速飛翔体を兵器として開発するのに成功した国は、これまでいかなる国も保有したことのない影響力を有することになる。保有国は非保有国に対して圧倒的に有利になる。

保有国が非保有国に対して、自国の意志を通すことができるようになるということだ。そして、保有国間では両すくみの状態になるだろう。このような状況下では、保有国間の軍事衝突を避けるための合意を得るための努力がなされる。

二国間で、同等の脅威認識が共有されるということである。そして、こうした合意の際に最もあり得るのが、互いの利益に干渉しないという姿勢だ。双方ともに、相手を刺激して、自らを危険に陥れるような状況を作り出したくないからである。

冷戦期に、イデオロギーによって対立する二大勢力が全面的な軍事衝突に至らなかったのは、相互に核兵器による抑止が効いていたからである。さらに、二大勢力である東西陣営はそれぞれに経済圏を有し、両陣営の経済的権益が決定的に衝突する事象を避けることができた。

しかし、極超音速飛翔体は、その戦略性の高さゆえに、世界の在り方を変える可能性を有している。イデオロギーによる対立ではない。各国が、同様に世界各地で経済権益を得ようとする国際社会の中で、極めて戦略性の高い兵器を有する国が現れるのである。

これまで、国際法や国際組織のルールなどの国際秩序に従って各国が活動していた社会は、そのうちのごく少数の国々が「極短時間のうちに確実に世界中のどの地域に対しても精密攻撃できる兵器」を有したとしたら、どのように変化するのだろうか？

圧倒的に自国に有利な状況を作り出せる兵器を有した国が、現状の国際秩序が自国に不利だと認識したら、それでも国際秩序に従って行動するだろうか？　自国の主張を通そうと思えば、それができるのである。これが、極超音速飛翔体が、ゲームチェンジャーになる可能性を有すると考えられる所以である。

しかし、極超音速飛翔体が大きく国際秩序を変えるかどうかは、これを兵器として保有する国の数とそれらの国の政策によって変わってくる。現在の核保有国が全て極超音速飛翔体を保有すれば、国際秩序は大きく変化しないだろう。

保有国と非保有国の国際社会あるいは地域における影響力の差はさらに広がることになるが、欧米諸国が非保有国を含めた全ての国の権利を認め、非保有国の平等な経済活動が保証される限り、非保有国が一方的に損害を被る可能性は低いと言える。

一方で、一ヵ国か二ヵ国しか保有できない場合には、変化が起こる可能性がある。

保有国が利益を追求する際の行動に抵抗できる勢力がいなくなるからだ。保有国が強硬な手段をとるハードルを下げるということである。保有国の行動を他国が制御できなくなれば、既存の国際秩序が保有国に有利なように変えられていく可能性がある。

現在、極超音速飛翔体の飛行試験に成功したのは、米国と中国のみである。しかし、他国も指をくわえて見ているだけではない。ロシアやインドが極超音速飛翔体の開発を行っていることが、すでに確認されている。また、これらの国の極超音速飛翔体兵器保有が現実のものになれば、欧州もだまっていられないだろう。

他国が保有している戦略兵器を有することができなければ、国際社会における欧州の影響力は低下することになる。NATOなどを通じて米国の影響力に頼らざるを得なくなれば、欧州の独立性を損なうことにもなりかねない。

ここに挙げた国々は、現在、核兵器を保有している国々である。これらの国々が極超音速飛翔体の開発を進めるのは、当然、自国の安全保障および影響力維持のために必要であるからだが、これらの国々には、極超音速飛翔体開発のための技術的基礎もある。

米国が開発している極超音速飛翔体の一部と中国が飛行試験に成功した極超音速飛翔体は、弾道ミサイルの弾頭部分に装着されて、亜宇宙空間で切り離されて飛翔する。極超音速飛翔体兵器の技術的基礎になるのが、ミサイル技術なのである。

この意味で、現在、弾道ミサイルを保有している国は、この部分をクリアしていることになる。ただし、物体を安定して極超音速で飛行させることは、極めて難しい。

大気中を極超音速で飛翔する物体は、機体に大きな気圧を受け、また、ほんの少しの気流の変化で安定を失う。姿勢制御もままならないということだ。姿勢制御できなければ、放物線を描いて自由落下する飛行経路を変え、思うような飛行経路を飛行させることはできない。

現在のところ、この難題を解決した国はない。米海軍が、中国が極超音速飛翔体の実戦配備までに数年を有すると見積もっているのは、こうした課題を簡単に解決することができないことを理解しているからだ。数年間のうちに、この戦略性の高い兵器を保有することができそうなのは、米国と中国である。

米国は、中国の極超音速飛翔体の飛行試験成功を受けて、二〇一四年五月、米陸軍の極超音速飛翔体開発プログラムの予算を増額した。さらに、米国以外にも、すでに、ロシアおよびインドなども、極超音速飛翔体の開発競争を加速している。

残るは、他に追随する国があるかということが問題になる。二〇〇九年時点で、宇宙輸送システム、通信放送、地球観測、航行測位、宇宙科学、有人宇宙活動（国際宇宙ステーションでの活動を含む）の全ての活動について実績を有しているのは、日本、米国、ロシア、中国、欧州、インドの、六カ国・地域である。

この中で、米国、ロシア、中国およびインドはすでに極超音速飛翔体の開発を開始している。残る日本および欧州のうち、動機と技術的可能性の双方を有するのが欧州である。欧州は、衛星を用いたガリレオという衛星を用いた測位システムを開発している。現在、世界の航行測位は、米国のＧＰＳ（全地球測位網）に大きく依存している。

しかし、ＧＰＳに依存していると、いざとなったときに、米国に、外国がＧＰＳを使用する際の精度を下げられるなどの問題がある。攻撃目標の正確な位置にミサイルなどを誘導できないことはもとより、自分の正確な位置さえわからなくなるということである。

だからこそ、中国のみでなく、欧州も自らが確実に使用できる衛星測位システムを構築するために、衛星を打ち上げているのだ。欧州のガリレオは、あくまで民間用のシステムだとされているが、少なくとも、二〇〇〇年代、欧州各国海軍の艦艇は、「試験」の名の下に、ガリレオ衛星測位システムを搭載し、利用していた。

中国は二〇一四年、自らの「北斗」衛星測位システムの精度を向上させる取り組みを加速したという。これまで、「北斗」システムだけでは精度が悪く、軍事作戦もGPSやロシアの衛星測位システムを併用してきた。特に、「北斗」システムとロシアのシステムは互換性があり、相互に補完的に使用することによって精度を上げることが可能である。しかし、中国は最終的には、「北斗」システムのみを用いた独自の航法・測位システムの確立を目指している。

欧州は、日本、米国、中国およびロシアなどと同様、軍事衛星のみならず、民間の衛星ビジネスも積極的に展開している。しかし、民間衛星ビジネスも、衛星の軍事利用と全く無関係という訳ではない。ビジネスとして、民間企業に販売される衛星画像や信号、データなどの多くは、他の国や地域の企業が購入し、自らの政府機関や軍に販売する。商用衛星から得られる情報は、公開情報として、メディアに提供することもできる。

また、欧州で軍用として利用されている欧州の衛星の一部は、アジアでは商用として利用されている。アジアに関する情報は、一般的に、欧州では安全保障上の関心が薄いからだ。

衛星を用いて情報を売買するビジネスには、衛星が収集した画像や信号などの情報を売る方法と、利用者に衛星の軌道の一部分を購入させて自由に情報収集させる方法がある。

静止衛星は、常に一定の場所の上空にあって定点を観測し続けるが、偵察衛星の多くは、世界中の情報を高い精度で得るために、低軌道を周回する。各国軍は、他国が打ち上げた衛星がどの軌道を移動しているのかに関する情報も持っているのが普通である。他国の衛星に、自由に情報収集されるのを避けるためだ。対象とする衛星が自国の上空を移動する時間帯に、見せたくないものを隠したりするということである。

周回軌道を回る衛星の軌道は、常に同じ地点の上空にある訳ではない。軌道は、少しずつ東西にずれていく。衛星に搭載されているレーダーや光学カメラなどは、軌道のずれに対応するために角度が変えられるようになっている。

しかし、レーダーやカメラの可動範囲には限界がある。また、情報収集対象が衛星搭載機器の可動範囲内にあっても、角度がついてしまうと正確な情報が収集できなくなる。周回軌道を回る衛星を用いると、同一地点の情報は、定期的・継続的にとることができない。そのため、同一の衛星を、軌道をずらせて何基も打ち上げる必要があるのだ。

衛星の打ち上げには大きなコストがかかる。そのため、自分たちが情報収集のために使用しない軌道を衛星が移動している無駄な時間やその間に取れる情報を、自国他国を問わず、民間企業に切り売りするのだ。情報を売った利益で、衛星の運用を支えている。

このように、衛星の運用をはじめ、宇宙での活動に必要な技術を有する欧州は、極超音速飛翔体開発のための技術的基礎の一つを有していると言える。米国および中国以外に、ロシアおよび欧州が、極超音速飛翔体を保有することになれば、現在の国際社会における抑止力のバランスは大きくは変化しないと考えられる。

次の段階は、どの国・地域が、極超音速飛翔体に対抗する有効な手段を有するかである。すでに、米国は、極超音速飛翔体にも対処可能な戦闘の研究・開発を開始している。

米中軍事バランスは逆転するか?

中国の極超音速飛翔体の開発を見ると、中国の軍事技術が急速に米国を追い上げている状況が理解できる。また、米国を直接攻撃できる核兵器の開発にも余念がない。中国は、複数弾頭化した弾頭を搭載可能な大陸間弾道弾の開発を継続している。

そして、米国は、軍事技術の格差の縮小が通常兵器の分野にも及んでいると認識している。二〇一四年一月二八日に、米国防総省のケンドール国防次官が、「米国軍の技術的優位性は、アジア太平洋地域を中心に、過去数十年で経験したことのない挑戦を受けている」と述べたのも、同年七月一三日に、米太平洋空軍のカーライル司令官が、中国のステルス戦闘機開発に関して、「米軍の技術は、かつては中国をはるかにしのいでいたが、もはや状況は異なっている」と警告を発したのも、こうした認識に基づいている。

米国防総省高官の発言を聞いていると、すぐにでも米中の軍事バランスが逆転しそうな危機感を覚える。しかし、現在の米軍と中国の軍備を見る限り、米中の軍事バランスが簡単に逆転することはなさそうだ。

『ミリタリーバランス2014』によれば、現役の軍人の数では中国が米国を大きく上回るものの、その他の主要兵器のほとんどで米国が中国に対して圧倒的な数量を有している。現役の軍人数は、中国が二三三万三〇〇〇人で米国が一四九万二二〇〇人である。

大陸間弾道ミサイル発射器の保有数は、米国が四五〇基、中国が六六基である。弾道ミサイル発射可能な原子力潜水艦の保有数は、米国が一四隻に対し、中国が四隻である。しかも、中国の戦略原潜は、その稼働率にも問題があり、太平洋における十分な戦略パトロールが実施できる情況にはない。

戦略原潜は、最終的な核報復攻撃の手段として、弾道ミサイルを搭載し、攻撃対象地点を射程に収める海域で、隠密裏に行動している。これを戦略パトロールと呼ぶ。

中国の最新型戦略原潜「晋」級が搭載する弾道ミサイルはＪＬ－２であるが、ＪＬ－２の射程は、要求どおり開発が完了したとしても八〇〇〇キロメートルである。

中国沿岸部のどの海域から発射しても米国本土に届かないのだ（渤海に展開すればアラスカは射程に収まる）。このため、米国に対する核抑止として機能させるためには、「晋」級は、太平洋に出てパトロールする必要があるのである。しかし、「晋」級は静粛性に問題があり、隠密裏に太平洋に出ることが難しい。水中でノイズが大きいことは致命的である。

中国が海南島の最南端に原子力潜水艦を運用できる海軍基地を建設しているのは、海軍力、特に対潜戦能力が低い東南アジア諸国に囲まれた南シナ海から太平洋に出るほうが探知される可能性が低いと考えているからだ。

中国は、「晋」級戦略原潜も「商」級攻撃型原潜も、常時パトロールを実施するのに十分な数量に達していないにもかかわらず、建造を止めている。これら原潜の性能が、要求に達していないということである。技術的問題があるのだ。

米国が中国に対して優位を保っているのは、核兵器だけではない。正規空母の数量は、米国が一一隻で中国は〇隻である（「遼寧」は訓練空母であり、実戦に用いることはできない）。巡洋艦・駆逐艦・フリゲートの数でも、米国一〇三隻に対して中国六九隻である。

さらに、陸上兵力輸送に欠くことができない強襲揚陸艦は、米国の三〇隻に対して中国は三隻である。また、空中給油や兵力輸送などに用いられる多目的大型航空機は、米国は五二四機保有し、中国の一三機をはるかに上回る。

最近、中央アジアでの米軍のオペレーションによって話題になることが多い大型無人航空機は、米国の四六九機に対して中国は数機しか実戦に使用できるものがないと思われる。

大型無人航空機は、敵国の内陸部深くまで進入し、偵察活動やターゲッティング・攻撃などを行うことができる兵器である。しかも、遠く離れた本国から操縦できるのだ。

もちろん、米国とて、保有する装備を全て中国に振り向けることはできない。しかし、こうして比較してみると、中国が、米国に対してこのままでは戦争に勝てないと考えるのも無理からぬことである。

中国は、常に他の大国から攻撃されるのではないかと恐れている。だからこそ、装備の近代化を急ピッチで進めている。問題は、中国人民解放軍の近代化の速度が速すぎることである。

ここで言う近代化の速度は、武器装備品の近代化である。中国は、近代戦に関するノウハウの蓄積もないまま、最新技術を駆使した武器装備品を開発・装備している。

戦術を理解しておらず技術的蓄積も十分でないのに、最先端の技術を用いた武器装備品を開発しようとすれば、自らの欠けている部分を他国から拝借するより他に手はない。自らの科学技術の発展と装備品開発を待っている余裕はないのだ。

ここに、人民解放軍総参謀部第三部（技術偵察部）の存在意義がある。サイバー攻撃によって、米国の技術を窃取するのだ。中国は、米国もロシアも信用していない。中国は、自らの力で技術を身につけると言う。

サイバー攻撃によって得られた情報は、自らの力で得たものかも知れない（違法ではある）が、技術は簡単に身につかない。

軍事装備品は、ただ単にコピーしても、オリジナルにははるかに及ばないのだ。まず、同一の材料を使用することが難しい。日本や米国のように、最先端の材料を武器装備品に用いられると、形状は真似できても、強度は落ち、全く性格の異なったものになってしまう。

このとき、その装備品の運用構想を理解し、装備品の構造の意味を理解していれば、同一の材料を用いなくとも形状などを変更して、オリジナルに近い性能を持たせることも可能である。しかし、中国には、最新の武器装備品の完全な運用構想はないだろう。

中国人民解放軍は、学習や経験を積むよりも早く、近代的な装備品を手にしているのだ。中国が素養の高い軍人を求める理由の一つは、近代戦を理解し、精密機械となった武器装備品を使いこなせる軍人を育成するためなのである。

武器の操作だけではない。実際の作戦は人間によって行われる。海軍の駆逐艦には、二〇〇人から三〇〇人の乗員が乗り組んでいる。彼らが戦闘を行うのは艦艇を用いてであるから、艦艇と行動をともにしなければならない。

海軍の作戦が近代化し行動範囲が広がると、艦艇も乗員もこれまで経験したことのない時間を洋上で過ごすことになる。

艦艇には適切な修理と補給が必要になり、乗員には慣熟が必要になる。中国海軍が、「遠洋航海の常態化」をスローガンとして掲げ始めたのは、二〇〇九年だったと記憶している。

それが、二〇一四年になっても、未だに「遠洋航海の常態化」を掲げている。中国海軍にとって、長期の外洋における航海がいかに困難なものであったのかが理解できる。

中国は、近代化された装備の数では米国を急速に追い上げている。武器装備品に用いられている技術も、その入手方法はともかく、最先端のものである。

それでもなお、中国の軍事力が米国に及ばないのは、戦闘様相の研究を基に武器装備品を開発しておらず、それら装備品をシステムとして結合できていないからであり、それらを運用する人間の教育・訓練が追いついていないからでもある。

遠洋航海一つを見ても、現状の課題を克服していくのには時間を要することが理解できる。通常兵器によって戦闘することを考えると、見渡せる将来にわたって、中国人民解放軍は米国軍に勝てそうにない。これは、今日の中国が戦略や政策を立てる上での、情勢認識になっている。

一方で、米国が危機感を募らせるのは、中国が努力を集中すれば、米国軍の能力に並ぶ能力を有する部分があることを理解しているからだ。中国は、旧ソ連から技術支援を受けたとは言え、すでに宇宙での活動に関する高い技術を有している。

そして、米国の技術をコピーしたかも知れないが、ステルス機も開発を始めてから長い時間が経過している。中国は、その間に、さまざまな技術的問題に直面し、これらを解決してきただろう。その結果、改良するごとに飛行試験を実施するようになっているのだ。

全体としての米中軍事バランスは逆転しないにしても、中国が米国に対して技術によっては優位を保つものが現れるかも知れない。中国が力を入れるのは、全面戦争において米国に勝利できる武器ではないだろう。

中国人民解放軍が米国軍に勝利できないからと言って、中国の軍事力を侮ってはならない。中国が武器装備品の近代化を止めることはない。中国は、武器装備品の急速な近代化に伴う技術的問題を少しずつではあっても解決している。

先に、ノイズが大きく、また技術的問題を抱えている現有原子力潜水艦の建造を止めていると述べたが、実は、新たな戦略原潜と攻撃型原潜の開発・建造を進めている。

水上艦艇も、技術的問題が解決されるまでの間、建造が中断されるといった状況が散見される。また、問題が発見されるたびに改良が加えられ、形状に少しの変化が生じるといった状況もある。

中国の軍事力が米国の軍事力を超えることは難しいとしても、それが、米国以外の国々に対して圧倒的に強大になることは想像に難くない。米国が中国に対して自由に武力行使ができない状態になれば、他の国々は圧倒的に強大な中国と対峙することになるのだ。

現在の国際情勢、特に各国間の経済的相互依存が深化する状況において、戦争を望む国はない。いかなる国も、自国が被る損失を恐れる。軍事力を実際に行使しなくとも、最先端技術を用いた武器を有していること自体が、自国の意志を通すことを可能にすることもある。

中国は、米国から攻撃がなされた場合に、中国本土を防衛する努力とともに、米国に、中国に対する武力行使をためらわせる、あるいは、中国の行動を妨害するのをためらわせるような、抑止力を持つ兵器に力を集中させていくと考えられる。

［用語解説］

【極超音速飛翔体（HGV: Hypersonic Glide Vehicle)】マッハ五以上（極超音速）の速度で弾頭を運搬する飛行体の総称。米国では、陸軍、海軍、空軍それぞれに開発が進められている。

【大陸間弾道ミサイル】運搬用ロケットによって打ち上げられ、放物線（弾道）を描いて飛ぶ対地ミサイルのうち、超長射程でユーラシア大陸と北米大陸間を飛行できるものを言う。米ソSALTⅡでは、射程五五〇〇キロメートル以上のものと定義される。

【AMaRV（Advanced Maneuvering Re-Entry Vehicle)】最新式操縦再突入体。

【ASBM（Anti-Ship Ballistic Missile)】対艦弾道ミサイル。中国が開発したとしている。運搬用ロケットから切り離された後、放物線を描いて落下するのではなく、自ら機動して、艦艇に対する精密攻撃が実施可能であるとされる。

【DEW（Directed Energy Weapon)】指向性エネルギー兵器。レーザーやマイクロ波に指向性を持たせて目標に照射し、これを破壊、あるいは機能停止に陥らせる兵器。

【DF-41】中国が開発中の大陸間弾道ミサイル。弾頭は多弾頭（MIRV）化されていると言われる。中国名は「東風41」。「東風」は、ピンイン表記で「Dong Feng」と表され、「DF」はこの頭文字である。

【FALCON（Force Application and Launch from CONtinental United States)】DARPAと米空軍によって進められている極超音速飛翔体開発プロジェクト。

【HTV-2（Force Application and Launch from CONtinental United States)】FALCONプロジェクトの中の試験飛行体の一つ。

【NIFC-CA（Naval Integrated Fire Control-Counter Air)】米海軍の経空目標に対する統合された火器管制。イージス・システムのように、探知から攻撃を単艦で完結するのではなく、外部のセンサー・システム、通信システム、攻撃システムとネットワークを構築して経空脅威に攻撃を実施するもの。

【PGS（Prompt Global Strike)】即時全地球攻撃。地球上のあらゆる地域に対して、米国本土から一時間以内に攻撃するという米国の構想。冷戦終結後、多様化する脅威への対処と前方展開基地再編の必要性から生まれた。通常兵力を用いて実施されるものを、特にCPGS（Conventional Prompt Global Strike）と呼ぶ。米国の極超音速飛翔体はCPGS構想の一部。

【RV（Re-Entry Vehicle)】再突入体。ロケットで大気圏外に打ち上げられた後に切り離され、大気圏に再突入する部分。弾道ミサイルであれば、弾頭がこれに当たる。

【WU-14】中国が開発中の極超音速飛翔体に対する米国防総省のコードネーム。中国は、二〇一四年一月一四日と同年八月七日の二回、発射実験を行い、成功させている。最高速度はマッハ一〇に達したとされる。

第六章

なぜ中国は西進戦略を進めるのか?

衝突――中国VSベトナム

二〇一四年五月七日、中国海警の船舶とベトナム海上警察の船舶が、南シナ海西沙諸島付近の海域で衝突した。「中国海洋石油」という中国国営企業が、中国とベトナムがともに権利を主張する海域で、石油掘削作業を開始したことに端を発する。

ベトナムは当然のことながら猛烈に反発し、海上警察などの船舶を現場に派遣し、中国企業の作業を阻止しようとしたのだ。一方の中国側は、自国の経済活動を保護するため、八〇隻前後の艦船を派遣していた。この中には、海警局の船舶二〇隻、海軍艦艇七隻が含まれていた。

双方が実力行使を辞さない以上、自らの経済活動を保護したい中国と、自らの権利を守るために中国の経済活動を阻止したいベトナムが衝突するのは必然であると言える。

船舶が衝突する映像は刺激的だが、武器を使用せずに、ある海域に侵入しようとする船舶を排除しようとすれば、自らの船体をねじ込むというのはとり得る行為だとも言える。

問題は、船舶が衝突したことではなく、その原因である。中国が、係争のある海域において、一方的に掘削作業を開始したことが問題なのだ。中国はなぜこの時期に、ベトナムと衝突することを承知で、この海域で掘削作業を開始したのだろうか?

中国が、掘削作業を防御するために海軍艦艇を含む大船団を派遣したのは、ベトナムの猛烈な抗議・阻止活動を予期していたからに他ならない。そこまでして、石油掘削作業を強行する必要があったのだろうか? 二〇一三年一〇月二五日に、習近平主席は、自らが主催した「外交工作座談会」で、「周辺諸国との良好な関係」を指示している。

また、それに先立つ一〇月一四日には、李克強総理が訪問先のベトナム・ハノイでベトナム共産党のグエン・フー・チョン書記長と会談し、「南シナ海問題をうまく処理できるかどうかは、両国民間の感情にかかわるのみならず、インフラ投資など双方間の大規模協力の政治環境、安全保障環境にかかわる」と指摘した。

さらに両者は、「双方は政治的相互信頼と伝統的友情の強化を基礎に、溝を適切に管理・コントロールし、南シナ海問題が両国協力の大局の妨げにならないようにし、双方間の共通認識をしっかりと実行に移し、海上共同開発協議作業部会などの協力枠組みができるだけ早く具体的進展を遂げるようにし、各分野の実務協力を促進する」ことで一致したという。

中国は、最近、ベトナムとの安定した関係を模索していたように見えるのだ。こうした中国の外交努力と、今回の中国の強硬なやり方には矛盾があるように見える。

中国指導部が、必ずしもベトナムとの衝突を望んでいなかった可能性があるのだ。そうだとすると、中国国内に、一方的な実力行使を支持せざるを得ない圧力が指導部にかかっていたということになる。

これまで、南シナ海において、外交努力をひっくり返してきたのは、常に人民解放軍海軍であった。一九九二年の第三回「南シナ海における潜在的紛争の制御に関するワークショップ」において、同年二月に中国が南沙諸島の領有権を明記した「領海法」を定めたことに対して、東南アジア諸国が懸念を示すと、中国外交官は「南シナ海で問題を起こさない」と述べた。しかし、その直後の七月四日に、中国海軍がガベン礁に領土標識を立てた。

同ワークショップは、インドネシアが主導して一九九〇年から開始されたもので、一九八八年に中国が南沙諸島のジョンソン礁をめぐってベトナムと海戦し、これに勝利して同礁を占拠したことに危機感を覚えた東南アジア諸国が、外交的手段で問題を解決しようとしたものである。

一九八八年の中国の実力行使は、初めて中国が南沙諸島に手を出した事象であり、ワークショップにおける対話は、軍事力に劣る東南アジア諸国がとり得る実質的な対抗手段でもあったのだ。

また、一九九四年七月の第一回ARF（ASEAN地域フォーラム）に出席した中国の銭其琛外相が、東南アジア諸国の心配を払拭するために中国とASEANのみの高級事務レベル会合を提案したが、一九九五年二月には、中国が南沙諸島のミスチーフ礁を占拠し、サンゴ礁に建造物を建築した。

しかし、今回は違う。実力行使したのは、中国国内で巨大な政治的影響力を持つ国営企業である。しかも、現在の「石油」は中国国内では非常にきな臭い。

習近平指導部は、二〇一三年、鉄道部のトップを排除した。象徴的な人物を叩き、その他を従わせるという自主規制による統制は中国らしいやり方でもある。

習主席は、同じく二〇一三年、中央軍事委員会副主席の徐才厚を排除した。汚職の源泉でもあった総後勤部の副部長も逮捕した。そして、二〇一四年四月二日の中国の中央軍事委員会機関紙『解放軍報』は、七大軍区や海軍、空軍、ミサイル部隊の第二砲兵の司令官など一八人の署名による文章を掲載した。他の軍の指導者に忠誠を誓わせたのだ。

そもそも人民解放軍や鉄道部自体を完全に叩くことなどできない。習近平体制が目論む改革には欠かせない存在だ。そして、当時、中国国内では、「次は、石油と電気だ」と言われていたのである。

二〇一四年七月二十九日、中国国営メディアは、「中国共産党が、前党政治局常務委員の周永康に対し『重大な規定違反』があったとして捜査を開始した」と報じた。これまで、政治局常務委員の経験者が汚職で摘発されたことはない。異例中の異例だ。この周永康こそが、石油利権の大ボスである。そして、石油利権集団は、周永康を通じて江沢民の庇護を受けているとも言える。

石油利権に絡む各レベルのボスたちは、現中国指導部が石油利権にメスを入れるのを阻止しようと動いていた。周永康を守るためではない。自分たちを守るためだ。周永康がやられてしまえば、次は自分たちの番である。

自分たちに巨大な政治権力があると信じる石油利権集団は、最初から習近平主席に忠誠を誓うことをよしとしなかった。習近平主席に忠誠を誓うということは、習近平主席が進めようとする改革を受け入れるということだ。改革には痛みを伴う。経済改革は、富の再分配を進めるものである。富の再分配は、既得権益者にとって、利益の減少を意味する。

習近平主席の反腐敗は、江沢民派の排除という側面も有している。これまで政治局常務委員まで上り詰めた指導者は徹底的に追い詰められることはなかったが、薄熙来の徹底抗戦の態度も影響してか、周永康の部下や周辺の人間が三〇〇人も拘束されているとも報道されている。

習近平指導部と石油利権集団の権力闘争の決着が未だついていない中で、中国海洋石油の石油掘削作業が強行されたのだ。この事案は、石油利権集団の現指導部に対する牽制である可能性もある。

いったん、掘削作業の計画が表沙汰になれば、中国政府はこれを支持せざるを得ない。中国が権利を主張する海域での経済活動なのだ。これを政府が阻止したとすれば、国民の批判は現指導部に向くだろう。

また、万が一、ベトナムに妨害されたとすれば、やはり、「東南アジア諸国に対しても、中国の権益を守れないのか」という非難が政権に向く。これでは、現政権はもたない。何が何でも、中国掘削作業を守らなければならないのだ。

時期に疑問があるにしても、中国が南シナ海を死活的に重要だと認識していることには変わりはない。南シナ海での中国の活動に抵抗するものがあれば、中国は実力行使を辞さない。東南アジア諸国が実力で抵抗すれば、遅かれ早かれ衝突は起こるのだ。

中国にとって、南シナ海が死活的に重要である理由の一つが海底資源である。中国とベトナムの衝突も、背景に種々の要因があるにしても、海底資源の開発を巡って生起している。

そもそも南シナ海における周辺各国の領有権主張が活発になったのも、一九六八年、六九年の国連による海底資源調査で、同海域に豊富な石油と天然ガスの埋蔵が見込まれるという結論が出てからである。

中国には南シナ海における海底資源開発の具体的スケジュールが存在すると言われる。西沙諸島周辺海域での石油掘削作業も、このスケジュールに則ったものだとする分析もある。そして、スケジュールどおりに開発を進められる背景には、他国に妨害されない自信があるというのだ。その自信とは、南シナ海における実力、中国の言う「武装力量」が周辺国を圧倒していることに他ならない。

また、衝突したとしても、経済を含めて、中国が被る被害が極めて小さいという認識もある。さらに、中国では、「ベトナムは中国と同じ社会主義の国であり、中国はベトナムのことをよく理解している」という自信たっぷりの話しぶりも聞く。

そして、どうもその言葉どおりに事が運びそうに見える。日本では、「ベトナムが中国に対して強烈な抗議をしている」という部分だけが取り上げられているが、ベトナムで対中抗議を展開しているのは政府である。

政府を含む国を監督するベトナム共産党は、強硬な対中抗議を行っていない。中国との関係を考慮して、対話に備えてのことだ。ベトナム国内でも対中暴動が起こったが、政府はデモを容認する一方で、デモの主催者たちを強く弾圧している。

中国側からのアプローチもある。二〇一四年六月一八日、中国の楊潔篪国務委員がベトナムを訪問した。南シナ海における問題を話し合うためだ。さらに、中国は、ベトナムと衝突している海域で行っているのは石油掘削ではないと主張している。オイルリグを使用して調査しているというのだ。

さらに、二〇一四年七月一六日には、中国政府が、オイルリグによる資源探査活動を一五日までに終えたと明らかにした。このとき、中国側はすでに掘削装置を撤収し、ベトナムが主張する排他的経済水域（EEZ）の外に移していたようだ。

計画を前倒ししての撤収である。ベトナムに配慮したかった中国指導部が、配慮できる条件を整えたからできたことでもある。周永康を処分できる目途がたったからだ。周永康の処分については、江沢民もこれを承認したと伝えられる。

この撤収に関して、中国がベトナムの圧力に屈したとか、八月一〇日からミャンマーで開催された、南シナ海問題などを議題とするARF（ASEAN地域フォーラム）において、中国が批判の集中砲火を避けるためといった理由も取り沙汰されたが、中国とベトナムは相互に間合いをはかっているのだ。

中国がオイルリグを撤収した三週間後の八月七日には、中国政府が、ベトナムと領有権を争う南シナ海の西沙諸島のうち、晋卿島など5つの島や環礁で灯台など構造物の建設を始めることが明らかになった。ＡＲＦ開催の直前である。

中国の意図を一つの事象だけをもって単純化して判断するのは危険だ。一つの事象は、一時的な状況に過ぎない。それが、例外的事象として認められるのか、変化の兆しなのかは、他の事象を分析して大きな流れを理解しなければ判断できないのだ。

中国は、南シナ海における活動を止めることはない。これは大きな流れだ。しかし、一方で、ＡＳＥＡＮ諸国との関係も考慮する。強く出たり、引いたりというのは、相互の駆け引きでもある。大きな流れの中でも波があるということだ。ここには、双方の国内事情も影響している。

中国とベトナムは、双方ともに穏便な問題解決を求めている。日本が勝手にイメージするような、ベトナムが中国に対して徹底抗戦する、といった状況は起こりそうにない。実は、日本政府が一緒に中国に対抗して欲しいと望んでも、各国にはそれぞれの事情があるということだ。

南海艦隊強化へ舵を切った艦艇配備

中国の海洋における「武装力量」の最たるものが海軍である。中国海軍は、一九九〇年代から、急速に近代化を進めている。中国海軍の艦艇開発および配備の情況を見れば、中国の関心がどこにあるのかも見えてくる。

一九九〇年代から二〇〇〇年代初頭にかけて、中国では「中国海軍の三個艦隊（北海艦隊、東海艦隊、南海艦隊）のうち、北海艦隊が最強である」と言っていた。二〇〇〇年代初頭、実際には東海艦隊に戦力を集中し始めていたが、それでも「北海艦隊が最強だ」と主張していたのには、北海艦隊に首都防衛の任務があったからだ。

当時の中国海軍には、「艦隊」という発想はなく、個々の艦艇が島影に隠れるなどしてゲリラ戦を展開するといった作戦が考えられていたようだ。これは、海軍の運用ではなく、陸軍の作戦を海洋にまで延長したものであると言える。

当時は、核報復攻撃の最終的な保障とも言える核弾頭搭載弾道ミサイルを発射可能な戦略原潜も北海艦隊に配備されていた。この頃、中国は戦略原潜「夏」級の存在を公表することを嫌っていた。戦略原潜の意味を理解していなかったとも言える。

戦略原潜はその存在を示して核攻撃能力を誇示しつつ、その位置を秘匿することによって、核抑止力足りうるのだ。その存在自体を明らかにしないのでは、核攻撃能力自体に疑問を持たれることになる。これでは、核抑止にならない。

中国の戦略原潜に対する意識に変化が見られるのは、二〇〇〇年代半ばである。新型戦略原潜「晋」級の写真がインターネット上に登場したのだ。この写真は、一二基ある弾道ミサイル発射筒のハッチを全て開放した状態の「晋」級潜水艦が写されたもので、画素数も高い。

しかも、この写真は中国当局によって削除されなかった。中国では、共産党指導部にとって都合の悪い情報がネット上から削除されることを考えると、この写真は中国が意図的に流出させたものと考えられるのだ。

二〇〇〇年代初頭、中国海軍は「北海艦隊が最強」と言いつつ、実際には、東海艦隊に最新装備を配備し始めていた。ロシアから購入した956型（現代級／ソブレメンヌイ）駆逐艦や「キロ」級潜水艦などである。

当時、中国国産の最新鋭駆逐艦は051B型（旅海型）であるが、一九九九年に南海艦隊に配属された同型は一隻しか建造されていない。技術的問題が解決できなかったのだ。中国海軍は、引き続き、同時に四隻の駆逐艦を建造した。

052B型（旅洋I型）二隻と052C型（旅洋II型）二隻である。それぞれ二〇〇二年から二〇〇三年にかけて進水し、二〇〇四年から二〇〇五年にかけて南海艦隊に配属された。艤装および航海試験の期間中、この中国海軍の最新鋭駆逐艦四隻が並んで係留されている姿が、上海の橋の上からよく見ることができた。

052C型は、いわゆる中国版イージスである。中国海軍が最先端技術であるイージス・システムを搭載したと思われる艦艇を建造したことは、各国の注意を引いた。イージス・システムの外観上の特徴は、フェーズド・アレイ・レーダーである。このレーダーは、平らな板が、上部構造物の四方に張り付けられたような形状をしている。

しかし、052C型のフェーズド・アレイ・レーダーには、丸みを帯びたカバーのようなものがかぶせてあるのだ。当初、これが何のために装着されているのかわからなかった。「実は、中で回転式のレーダーが回っているのだ」とも揶揄された。

しかし、最近になって、052C型のレーダーは熱を持ち過ぎるために冷却装置が必要で、不思議なカバーはそのためのものだとわかった。こうした技術的問題が解決されるまで、052C型の建造も止まることになる。

中国では、最新の技術を導入して試験的に艦艇を建造して様子を見るといったことが繰り返されてきた。実際の艦艇建造の中で試行錯誤するというのは、予算的には壮大な無駄遣いであっても、短期間で技術を自分のものにすることを可能にするものでもある。

一方で、試験的に建造した新型艦は、実戦で用いるには心もとない。そこで、当時、戦闘の可能性があると考えられていた東海艦隊には、ロシア製の駆逐艦と通常動力型の潜水艦を配備したのである。東海艦隊には、最新鋭の国産フリゲートも配備され始めていた。フリゲートは、駆逐艦に先んじて、搭載装備品の技術などが固まり、型の統一がなされていた。

二〇〇〇年代前半には、すでに東海艦隊には、最も信頼度と性能が高い艦艇が配備されていたのである。これは、東海艦隊の管轄海域に台湾を含むからだ。一九九六年の台湾海峡危機以来、中国人民解放軍は、真剣に台湾統一のための戦争を考えていた。中国海軍の軍人たちは「中国海軍にとって、台湾は太平洋への入り口である」とも言っていた。

そして、台湾と戦争するということは、米国と戦争するということでもあった。台湾の背後に米国を見ていたのだ。中国にとって、ライバルは常に米国である。東海艦隊は、米海軍に対抗するための艦艇装備を整えていたのだと言える。当時も今も、中国は通常兵力で米軍に勝利できる

「現代」級（ソブレメンヌイ）駆逐艦「136杭州」。2000年前後、中国は東海艦隊にロシアから購入した艦艇を配備した。（写真提供：海人社）

とは思っていない。弱者は非対称戦を戦わなければ勝ち目はない。

米海軍は正規空母を運用して圧倒的な攻撃力を展開する。防空、対潜能力も極めて高く、艦艇の能力を有機的に組み合わせた艦隊の運用にも長けている。同じように空母戦闘群を形成してぶつかっても勝ち目はない。中国が米国に勝ち目があるとすれば、米海軍より射程が長い対艦ミサイルと潜水艦だろう。

中国がロシアから四隻購入し、東海艦隊に配備した「現代」級（ソブレメンヌイ）駆逐艦には、NATOが「サンバーン」と呼ぶ艦対艦ミサイルを搭載している。「空母キラー」とも呼ばれたミサイルだ。

当時の中国海軍は、未だ三個艦隊がそれぞれの担当海域を防衛するという発想が残っていた。外洋に進出しての行動と国土防衛の概念の整理が完全にできていなかったのだ。「台湾を解放する」ための海軍の主力は東海艦隊だったのである。

一方で、当時から、中国海軍は三個艦隊の統合運用と機動化を模索していた。十分な効果は上げられなかったとはいえ、さまざまな努力がなされている。その成果は、二〇一〇年三月から四月にかけて実施された二つの大規模演習に現れている。

これら大規模演習に関して注目すべき点は二つある。一つは、訓練海域である。実動演習の主体は、北海艦隊と東海艦隊で、それぞれ別の行動をとったのであるが、北海艦隊は大編隊を南シナ海に展開し、東海艦隊は沖ノ鳥島付近まで進出したのだ。

特に、北海艦隊が艦隊の担当海域をまたいで行動したことは、中国海軍が機動化を進めていることを示すものである。中国メディアが、北海艦隊の艦艇が南海艦隊の基地で補給したことをニュースにするほど、それまで三個艦隊の運用は全く別に行われていたのだ。

二つ目は、演習が統一された指揮の下に実施されたことである。特に、北海艦隊の訓練編隊は、その行程で三個艦隊のそれぞれの五大兵種（航空兵、水上艦艇、潜水艦、対艦ミサイル団、電子対抗部隊）と対抗演習を行っている。

艦隊間の対抗演習を実現するために、中国海軍は、海軍司令部から三個艦隊それぞれの指揮所および各部隊の指揮所に至る立体的な大規模指揮ネットワークを構築したとしている。それまで、中国海軍には、三個艦隊を統合運用する指揮通信システムすら存在しなかったのだ。

中国海軍の外洋における活動の活発化は、中国の関心の方向の変化とあいまって、艦艇の配備状況にも影響を与えている。

手前から、北海艦隊所属の051C型駆逐艦「116石家荘」、南海艦隊所属の052B型駆逐艦、同じく南海艦隊所属の052C型駆逐艦。中国海軍は、艦隊の機動運用と統合運用を進めている。（写真提供：海人社）

中国海軍は、一九九〇年代末にフリゲートの統一デザインを決定して以来、駆逐艦やコルベットといった艦艇の型も統一してきた。これまで、三個艦隊が各個に異なる型の艦艇を配備していた状況に比べると、三個艦隊の能力や性格の差が縮小している。

三個艦隊には、それぞれ、統一された型の新型戦闘艦艇が順次、配備されている。ただ、こうした配備の中で重点が置かれているのが、南海艦隊である。

二〇〇〇年代前半は、南海艦隊には最新の国産駆逐艦が配備されていたが、実際のところ、これら駆逐艦は技術的問題を抱え、実戦での運用は問題視されていた。当時、実戦に最も近いと考えられていた東海艦隊に、国産ではなく、ロシアから購入した「ソブレメンヌイ」級駆逐艦を配備したのは、国産駆逐艦が信頼性に欠けていたからだ。

しかし、中国海軍は、これら技術的問題を一つずつ解決してきた。それが、現在の統一された型の艦艇の大量建造を可能にしたのだ。

大量に建造された最新艦艇は、三個艦隊それぞれに配備されているが、南海艦隊に少し多めに配備されている。また、建造中の空母を運用するためだと思われる巨大桟橋を備えた海軍基地を、海南島南部に建設した。

こうした艦艇配備情況の変遷は、中国海軍の関心が、最初は首都防衛のために北海艦隊にあり、次に台湾正面の東海艦隊に移り、その後、艦隊を機動的に外洋に展開するための南海艦隊強化へと移ってきたことを物語っている。

今後、中国海軍の、空母戦闘群形成の内容や統合運用の完成度といった作戦能力にかかわる問題に注目しなければならないが、これら南海艦隊から展開される艦隊を使用する中国の目的を理解しなければ、中国の海洋進出にどのように対応ずべきかを議論することはできない。

西進戦略の意味

中国の国内事情に話を戻そう。日本でも、中国初の女性宇宙飛行士の年齢詐称疑惑報道があった。「中国政府が、二〇一二年九月の反日暴動に参加した大半が『八〇后』だったことに鑑み、扱いにくい彼らに希望と模範を与えるために、一九七八年生まれの女性宇宙飛行士を一九八〇年生まれにした」というのだ。

しかし実際は、学歴の高い者はほとんど反日暴動に参加していないと言われる。彼らの間では、すでに「愛国無罪」が免罪符にならないことが理解されているからだ。政府は大量に逮捕する必要はない。ほんの数名逮捕するだけで、その意味を示すことができる。

デモなどに参加したことが記録に残されると就職が難しくなる。苦労して手に入れかけた将来を失いたくないのだ。失うものがある者は、ある意味、思慮深い。さらに彼らは、「微博（ミニ・ブログ）」で、デモが起こる前に議論を終えていたとも言う。

日本に融和的に対応するという結論が出た訳ではないが、彼らの間ではすでに決着した問題だったのだ。彼らにデモに参加する情熱はすでになかった。一部はデモにも参加したが、デモ後の「微博」には「暴力行為は誤りだ」という意見も多く見られた。

では、暴動の主役だった、失うものがない者たちとは何者だったのか？ 簡単に言ってしまえば、現在の中国社会において勝ち組になれないと認識している者たちだ。都市部内で競争に負けた者たちもいるが、やはり代表格は農村部から都市部に出て来た者たちだろう。

この中には、一時期、日本でも話題になった民工（農民でありながら都会へ出て建築などに携わる労働者）も含まれる。民工は、都市に出稼ぎに出て、家族まで呼び寄せることも多い。主として都市部周辺に住み着き、子どもたちの教育も含め、二〇〇〇年代半ばから、大きな社会問題になっている。

中国国家統計局のデータによれば、都市部に居住する住民の三割以上が都市戸籍を持たない。彼らは、都市の眩い発展を目の当たりにする。都市部の住民が（本当は全員ではないのだが）、綺麗な服を着て買い物や食事をするのを横目で見ながら、農村戸籍しか持たない彼らは、社会保障さえ受けることができない。

同じ空間にいながら、彼らは永遠に都市部の繁栄を享受できないという絶望感の中で生きている。しかし、彼らでも勝者になれる瞬間がある。反日行動である。「反日」というテーマにおいては、全ての中国人が日本に対する勝者になれるのだ。

しかし、暴力的な反日デモを憂いたのは日本ばかりではない。さらに深刻なのは中国政府だ。反日デモであっても、それは現政権への不満のベクトルを含んでいる。「現政権の対応が十分だ」と認識されれば、そもそもデモは起こらない。

反日デモで示された暴力の中に、社会的不満が充満していることも中国政府はよく理解している。社会の現政権への不満は、中国の指導者たちが最も恐れるものだ。このような暴動を、中国政府がコントロールしたいと考えるのは自然なことだろう。

中国政府は、当時、バスでデモ参加者を移動させるなどして、デモを地域的・時間的に限定しようとしたが、それらは対症療法的な処置に過ぎない。中国政府が問題視するのは、都市部へ流入した農村戸籍を持つ者たちだが、都市戸籍と農村戸籍に戸籍を区別すること自体に、もはや意味がなくなっている。

戸籍を区別して人の自由な往来を制限するのには、情報を遮断するという重要な意義があった。中国の歴史を振り返ると、常に周辺から起こった暴動が拡大して中央を包囲し、王朝を倒してきた。中国共産党でさえ、都市部で起こるとされた共産主義革命を起こした訳ではなく、周辺の農民を組織して勢力を拡大した。

中国共産党は、暴動が拡大することの恐ろしさをよく理解している。だからこそ、情報を遮断する必要があったのだ。しかし、それももはや意義を失いつつある。農村部から都市部への人の流入は止まらない。

さらに、携帯電話やインターネットの普及によって情報の遮断自体が現実的ではなくなってきた。都市戸籍と農村戸籍を従来どおり区別しておくことは、意味がなくなったばかりでなく、社会問題の原因にさえなっているのだ。

習近平指導部は、二〇一四年一月に、農村戸籍から都市戸籍への転換を緩和する方針を打ち出した。地方の中小都市を整備して農村から人口を流入させ、経済格差の縮小を狙うものだが、情報遮断の意義が薄れたからこそできることでもある。

もう一つの努力は、「西部大開発」である。二〇〇〇年前後から具体的に展開され始めた西部の開発は、経済発展が遅れている中国内陸部を開発して東部（沿岸部）との経済格差を縮小させることを目的にしている。沿岸部と内陸部の甚だしい経済的格差が、中国社会に大きな歪みをもたらしているからだ。

中国政府は、二〇〇〇年代前半から「西部大開発」と銘打って大々的に西部開発政策を進めてきたが、現在までのところ、格差が縮小しているようには見受けられない。

そうした状況下で、最近、中国国内で「西進」が主張され始めている。「西進」は、一般には、中国の中央アジア、南アジアからアフリカに至る影響力の拡大という文脈でとらえられ、英語圏では「March West」と訳される。

米国で発表された中国の西進に関する論文には、「米国のアジア回帰によって、米国と衝突したくない中国は東への拡大を止め、西へと拡大を始めた」という趣旨のものがあるが、米国らしいパワーバランスに基づく考え方を反映していて興味深い。

しかし、中国で主張され始めた「西進」は、単純な米中パワーバランスに基づくものではない。中国では、「西進」は、「March Westward」と訳される。中国では、『西』というゴールに向かうのではなく、より方向性を強調するものだ」と聞かされる。

「西進」は、単に中国が西にある経済権益を取りに行くというものではない。中国国内の経済格差解消の努力と密接に関係しているのだ。二〇一二年に北京大学の王緝思教授が発表した「西進――中国地勢戦略のリバランス」は、中国が西に目を向けるべき理由を述べる。

彼は、西部大開発は新しい戦略の柱になるとした上で、中国が発展させるべきは東の沿岸部のみではなく、西方にある各国、すなわち、ロシアおよび中央アジア各国との政治的・経済的関係を強化して、米中関係のバランスをとりつつ、内陸部を開発・発展させるべきと言うのだ。

これまで中国は、内陸部の発展は、東部の沿海地域の経済発展の波及効果によって達成されるとしてきたが、全くと言っていいほど成果を上げることができなかった。沿海部と内陸部の経済格差は広がるばかりである。

そのため、習近平指導部は、内陸部に新たな経済拠点を作らなければならないと、政策の方向転換を図ったのだ。西への活動の拡大は、内陸部に経済活動をもたらすという意味でもある。

図表4　中国の西進戦略

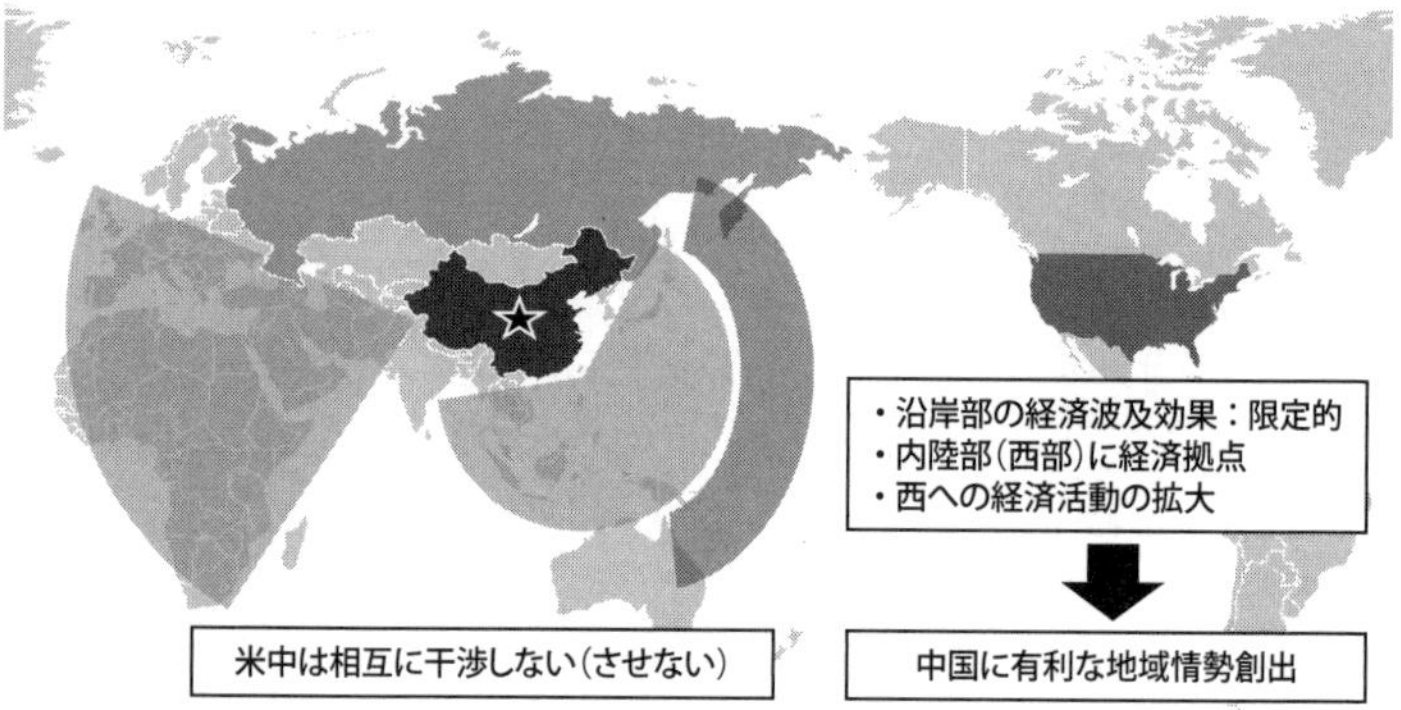

（出典）著者作成。

中国は、中国への資源の海上輸送をマラッカ海峡で米国に止められることを非常に恐れている。二〇一三年一月にパキスタン・グワダル港の管轄権を入手したのも、マラッカ海峡通峡の代替手段と考えられる。

パキスタンおよびミャンマーで建設されている代替手段は、パイプラインであり鉄道／高速道路であるが、それらは全て中国の内陸部につながる。また、中央アジアから、あるいは中央アジアを通って資源を輸入すると、当然、中国内陸部に到達し、そこから中国国内に広がる。

これらは、海運を利用して発展した沿岸部に対して、陸運を利用して内陸部を発展させようとするものだ。「西進」戦略は「新シルクロード」を拓き、その終着は欧州を越えて大西洋だと言う。

李克強首相が進める「都市化」は、未だ沿岸部大都市付近の地域を対象としているように見えるが、中国国内の経済格差是正には、内陸部の発展が不可欠である。

そして、経済格差を是正することができなければ、中国社会にさらに不満が溜まり、不安定化する可能性がある。中国政府にとって、経済格差解消は最優先課題であると言える。

いずれの国の政府も、国内政治と外交を同時に行っている。中国の対外政策も、単純に国際社会におけるパワーバランスによって決定される訳ではない。一見、かけ離れて見える「八〇后」に関する議論と「西進」戦略は、中国国内の経済的・意識的乖離を介して繋がっている。

それでも、状況のほんの一部を説明するに過ぎない。表面化した事象にはさまざまな背景が影響しているのだ。事象を正しく理解できなければ、正しい対処が導けるはずはない。理解のための努力に「十分」はない。

東から西、南から北、二つのポジション調整

中国の研究者によれば、「西進」が目指すのは、二つの方向における中国自身のポジションの調整である。一つは「東から西」であり、もう一つは「南から北」である。

「東から西」は、これまで中国国内の経済的重心が東部沿岸地域に大きく偏っていた情況を変え、経済的重心をより西へ移すという意味である。しかし、西部あるいは内陸部に経済の中心を移すという意味ではない。

中国にとって、今後とも東部沿海地域が経済の中心であることに変わりはない。これは、中国

の海洋進出がますます活発化していることからも理解できる。

東部沿海地域からの経済波及効果によるだけでは西部内陸地域の経済発展が望めないとわかった以上、西部に新たな経済拠点を構築する必要が出てきたということなのだ。

中国指導部が考える内陸部の経済拠点の内容の一つは、エネルギー資源のハブ化である。二〇一三年六月のＪＯＧＭＥＣ（石油天然ガス・金属鉱物資源機構）の報告書によれば、中国では、二〇一二年の一年間で、一五〇〇億立方メートル以上の天然ガスを消費している。日本の年間の天然ガス消費量が約一一〇〇億立方メートルであるから、それを上回っている。

中国の人口は一三億五〇〇〇万人を超え、一億二七〇〇万人という日本の人口の一〇倍以上であるので、これでも中国の天然ガス消費量は少ないとも言える。中国人が全て文化的な生活を送れるようにするために、さらに多くのエネルギーを必要とするのはある意味当然である。

日本ではあまり話題にならないが、中国は世界第七位の産ガス国である。同じく、ＪＯＧＭＥＣの報告書によれば、年間消費量の約七割に当たる一一〇〇億立方メートルを国産ガスが供給している。残りの三割を輸入ＬＮＧと輸入ガスに頼っているということだ。

この国産ガスの約七割が西部内陸地域で開発されている。西部で生産されたガスはパイプラインによって、北京、上海、広州などの沿海部に輸送されている。

国内で産出される天然ガスは、産出量の四割弱が西部内陸地域で消費されるが、五割弱は東部および南部の沿岸地域で消費される。二〇一五年には、中国の天然ガス消費量が約二四〇〇億立方メートルになるとの予測もある。中国では、各地での需要の増加に対応するため、国内パイプライン網や受入基地、天然ガス地下貯蔵施設などのインフラ整備を急ピッチで進めている。中国は、二〇一一年から二〇一五年の間に、新たに中国国内幹線パイプラインを四万四〇〇〇キロメートル建設し、中国国内の天然ガスパイプライン総延長は八万キロメートルに達するとしている。これにより、幹線パイプラインの輸送能力は、二〇一〇年の二・五倍となる計算になる。

今後、エネルギー資源の産出および輸送は、ますます重要性を増す。

そして、エネルギー輸送網は中国国内にとどまらない。パキスタンのグワダル港から伸びるパイプラインと鉄道は新疆ウイグル自治区が終着点であり、ミャンマーのチャウピュー港からのパイプラインは昆明に伸びる。

二〇一三年に就任したパキスタンのシャリフ首相は、同年六月五日、下院での演説において、自身の五年間の任期中、パキスタン南西部のグワダル港と中国新疆ウイグル自治区を結ぶ鉄道を建設する計画を発表した。

グワダル港は、インド洋の戦略的要衝であり、原油輸送路確保を目指す中国の国有企業が管理権を持っている。シャリフ首相は、首相就任直前の五月下旬にパキスタンを訪問した李克強総理と会談し、両国が協力して鉄道を建設することで合意したと述べた。中国側は鉄道建設に向けた調査委員会の設置を提案したという。

以前から、グワダル港からパイプラインでカラコルム・ハイウェイを通って新疆ウイグル自治区のカシュガルまでを結ぶカシュガル・コリドー構想がある。これが実現すると、中東の原油をカシュガルから中国国内のパイプライン網を通じて中国各地に送ることができるのだ。

図表5　マラッカ海峡の回避

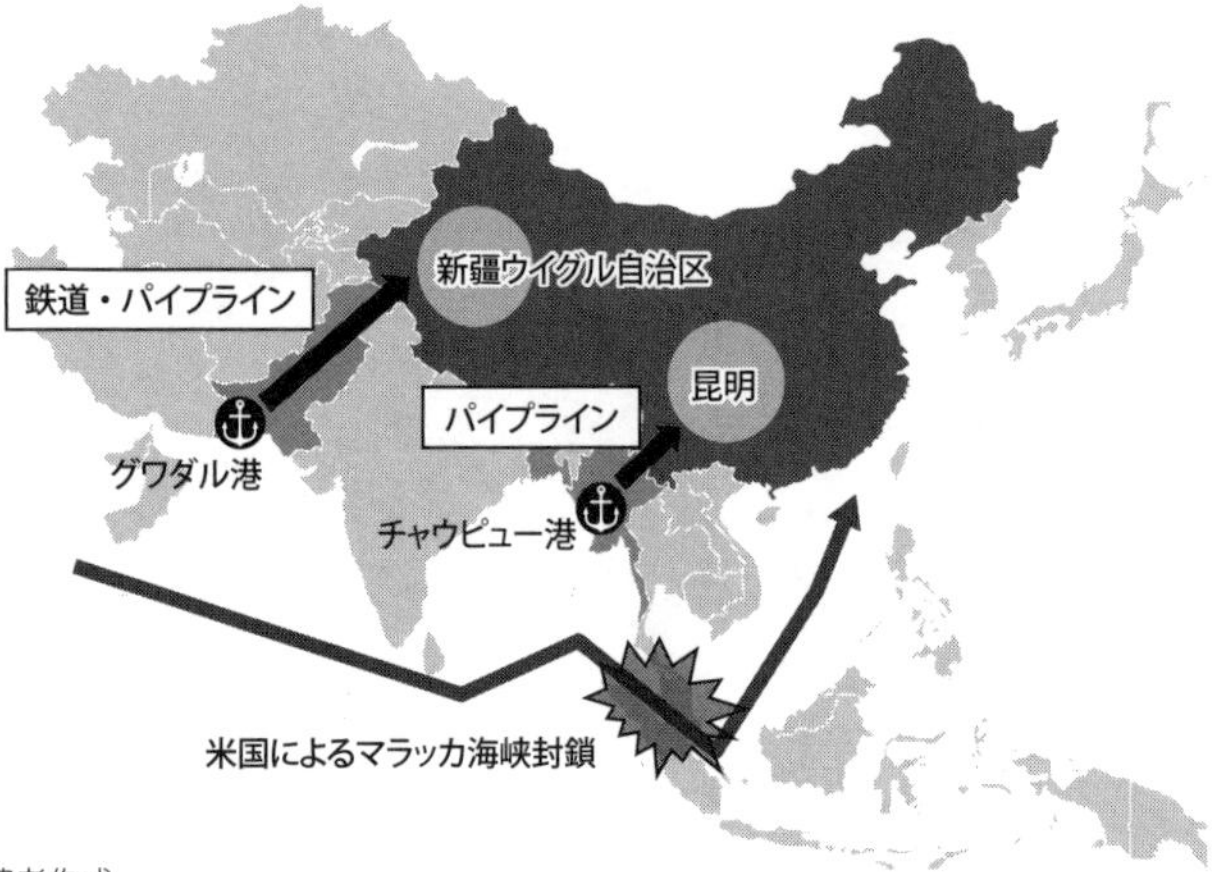

（出典）著者作成。

グワダル港はパキスタンとイランの国境地帯に位置し、ホルムズ海峡に近い。湾岸地域から石油を輸出する船舶は大部分がホルムズ海峡を通過する。こうした戦略的要衝であるグワダル港の運営権は中国にとって重要な価値がある。中国はグワダル港の影響力を利用して中東から中国の西部地域まで石油を輸送するためのパイプラインを敷設することができるのだ。

そしてミャンマーである。ミャンマーから中国までの天然ガスパイプラインは二〇一三年に完成している。ミャンマーのチャウピュー港を起点とするパイプラインの終点は雲南省昆明であり、総延長は二五二〇キロメートルである。

このパイプラインは、主としてミャンマー沖の「シュエ」ガス田から得られる天然ガスを輸送するものであるが、この天然ガスパイプラインには、原油パイプラインも併走して建設されている。この原油パイプラインは、チャウピューから雲南省昆明、そしてその先も、貴州省安順まで天然ガスパイプラインと同一のルートをとり、そこから分岐して重慶に向かう。

この原油パイプラインは、サウジアラビアとクウェートの原油を輸送する計画で、雲南省および四川省の製油所で処理される。エネルギー輸送施設と石油精製施設、さらには、中東からの原油などを一時的に貯蔵する施設などを含めると、内陸部への経済効果は非常に大きくなるだろう。

これが、中国が言う、経済の重心を、東（沿岸部）から西（内陸部）へ移動させる、ということを体現する一つの方策になっている。

さらに、こうしたパキスタンやミャンマーからの中国内陸部へのパイプラインは、中東からのエネルギー資源を、マラッカ海峡を通過せずに中国に輸送する手段ともなっている。中国のエネルギー輸送計画は、経済的な効果と戦略的な縦深性の二つの向上を狙ったものであると言える。

もう一つの方向である「南から北」というのは、「発展途上国から、先進国の手前である中進国」への立場の調整である。

中国の認識では、中国は先進国の影響を受けるだけの立場からの脱却を図ろうとしている。中国はこれまで、欧米先進国が作ってきた国際秩序に苦しめられている発展途上国の代表という立場をとってきた。「国際秩序に苦しめられている」と認識していたのは中国自身である。

中国が「苦しめられている」と認識するのは、中国が自らの経済発展のために自由に行動しようとすると、欧米先進諸国が邪魔をすると感じているからだ。中国は、これまで欧米先進諸国に蹂躙されてきたと認識している。それは、欧米先進諸国が自らの経済権益のために行ったことである。

中国の言う「屈辱の世紀」は、一八四〇年から二年にわたって戦われたアヘン戦争に始まる欧米諸国による中国に対する「搾取」を指して言う言葉である。一九七八年以後、中国が改革開放政策によって経済発展を始めると、今度は、欧米先進諸国が、国際秩序を理由に中国の活動を妨げていると感じている。

中国では、現在でも「本来は、『反日』ではなく、『反西』なのに」と聞かされる。二〇一三年四月、ケリー米国務長官が訪中した際、北京の道路が一部閉鎖された。全人代の際に、初めて、お偉方の移動のために道路が閉鎖されず、習近平主席は開明的だと評価されていた直後だったこともあって、北京市民の落胆は大きかった。

当時、北京市民の中には、「洋人来了（西洋人が来た）」と、ため息交じりに言う者たちもいた。実際には、道路はマラソン大会のために閉鎖されたことがわかった後、皆、苦笑いをしていたが、まず、ケリー国務長官に中国指導者が屈したと考えたこと自体、彼らに、西洋人に対する屈折した感情があることを示している。

中国は、これまでは欧米諸国が自らの経済権益のために自分勝手に行動してきたが、今度は中国が経済発展をする番だと考えている。そして、国際法やルールなどは、欧米先進諸国が自分たちの権益を守るのに都合がよく作られていると感じているのだ。

経済的にも軍事的にも実力をつけてきた中国は、もはや、言葉で先進諸国に抵抗するだけではないのだ。中国は、自らの経済活動に有利な世界情勢構築に関与していこうとしている。

「西進」戦略は、中国が経済的活動を西に向けるという意味だが、そこには、国内的な経済活動を内陸部でも活発化させ、国際的には、中国の経済発展に欠かせないエネルギー安全保障にもかかわる中東およびアフリカの地域情勢にも関与していくことを目指すものであると言える。

中国が恐れる資源海上輸送の脆弱性

西進戦略を進める中国にとって、南シナ海を通る海上輸送路は極めて重要である。中東やアフリカからエネルギー資源などを中国に輸送しようとすれば、輸送船は南シナ海を通過しなければならない。中国は、米国がマラッカ海峡などのチョークポイントで、中国への輸送を止めることを恐れている。中国にエネルギー資源が入らなければ、中国経済にとって致命的である。

海上輸送が、現在でも最良の輸送手段である最大の理由は、国境を越えずに物資を輸送できることである。陸上輸送路を用いて物資を輸入する場合、国境を超え、他国領内を輸送しなければならない。

中国が、中東の国からエネルギー資源を輸入する場合、海上輸送路を利用すれば、出港してから中国の港に入港するまでの間、国境を越える必要がない。しかし、陸上輸送に頼る場合、他の中東諸国、中央アジア諸国を通過して物資を輸送しなければならない。

パイプラインを含む陸上輸送路を利用して安全に物資を輸送するためには、通過する各国の治安が良好である必要があり、また、これら各国とも良好な関係を築いておかなければならない。

通過するルートに存在する国の治安が悪化したり、二国間関係が悪化したりすれば、安全な輸送は担保されなくなるのだ。

現に、すでに完成しているミャンマーからのパイプラインは、ミャンマーの抗議活動に遭っている。パイプライン沿線における土地収用の問題や、中国がミャンマー政府に支払う通過料の問題が原因であるという。さらに、中国とミャンマーの国境付近では、武装集団によるミャンマー国営石油会社の施設に対する襲撃も発生している。

また、ミャンマー政府は、二〇一三年五月に、カチン独立機構と停戦合意を結んだばかりである。ミャンマー政府は、パイプラインのセキュリティーについては、軍、警察および民間セキュリティー会社による警備を行うので安全性に問題はないとしているが、状況がいつ変化するかは予断を許さない。

このように安全性に常に問題を有する陸上輸送に対して、海上輸送は、少なくとも他国の国内情勢に影響を受けることはない。中国は、海上輸送をあきらめることはできないだろう。ただし、中国にとっては、海上輸送も安全だとは認められない。

中国は、海洋が全て米国のコントロール下にあると考えているからだ。中国が自国の利益を追求しようとすると、常に邪魔をしてくる米国が、である。

海上輸送路、シーレーンには、交通が集中せざるを得ないチョークポイントがある。中東から中国への海上輸送路におけるチョークポイントの一つがマラッカ海峡である。中国は、米国がマラッカ海峡において中国への物資輸送を遮断する可能性を真剣に心配している。

中国の心配は、米国が南シナ海で自由に行動している限り、なくなることはない。中国が完全に南シナ海を管理下に置きたいのは、米国を南シナ海から排除したいからでもあるのだ。

二〇一二年末から、南シナ海における海巡の巡視船の活動が活発化している。海巡は、交通部に所属する機関で、海上交通の管理と海図の作成を主たる任務としている。

二〇一三年の第一二期全人大で、海監（国土資源部国家海洋局中国海洋環境監視監測船隊）、漁政（農業部中国漁政局）、海警（公安部辺境海警）、海関（税関総署海上監視警察）という異なる部（日本で言う「省」）に所属する海洋における法執行機関が、国家海洋局に統合され海警局となった。

海警局は、行政上は国土資源部国家海洋局に所属するが、同時に国家公安部の指導を受けるとされている。この、国家公安部の指導を受けるということが、海警局に警察権を与えることにつながっているのだ。この海警が、中国コーストガードである。

しかし、交通部の海巡は、海洋局海警に統合されなかった。交通部の政治的影響力の強さも関係しているかも知れないが、その任務自体の特異性も考慮されたものと思われる。

中国は、二〇一二年一二月、ヘリコプターの離発着可能な大型巡視船の「海巡21」を南シナ海に配備した。「海巡21」は二〇〇二年から使用され、全長約九三・二メートル、最大航続距離は四〇〇〇海里、最高速度は二二ノット。船尾に長さ二一メートル、幅一一メートルのヘリポートと格納庫を備える。

また、GPSシステムや全天候型暗視カメラが搭載される他、リモコン式データ転送能力と情報収集力を備える。ヘリを搭載できる中国初の一〇〇〇トン級の大型巡視船である。

中国交通運輸部海事局によれば、「海巡21」は、南シナ海での巡航、海上交通の監視、海上事故の調査・処理、海上汚染の監視、海難事故の捜索・救援活動などを行うという。南シナ海における海上交通管理の強化である。

また、中国海巡は、二〇一三年一一月に、排水量五四一八トン、最大航続距離一万海里以上の「海巡01」を配備した。中国最大のこの巡視船は上海の管理下にあるが、海巡が独自に能力を強化していることを示している。

中国にエネルギー資源などの物資を輸送する海上交通の管理は、中国にとって極めて重要な問題なのだ。

習近平主席は、二〇一三年のアジア外遊の際に、「陸上と海上における新シルクロード」の協同建設を提案している。これは、中国では「西進」戦略を現実のものにすることを中国指導部が表明したものとも言われる。

中国政府は、「一帯一路」(新シルクロード経済ベルト(帯)と二一世紀海上シルクロード(路))という表現を用いて「西進」を実践し、これを「偉大な中国の復興」の戦略的構想であるという。

中国は、海上輸送路における米国の妨害というリスクを回避するために、陸上輸送路の構築も継続するだろう。しかし、中国が、最良の輸送手段である海上輸送をあきらめることはない。今後、中国は、さらに海上輸送路保護のための能力を向上させるだろう。チョークポイントを内包する南シナ海は、中でも、重要な活動海域になる。

中国は、自らが南シナ海を管理できれば、中国の海上輸送路の安全を確保できるばかりでなく、自前でエネルギー資源を開発できる。一挙両得なのだ。

中国は、南シナ海における海底資源開発のスケジュールをすでに作成している。地域情勢や外交活動のスケジュールなどによって時期の調整はなされるだろうが、中国の南シナ海開発の計画自体がなくなることはない。

中国の南シナ海における活動に反抗するものがあれば、中国は軍事力の行使も辞さない。中国がライバル視するのは米国だけだ。南シナ海におけるフィリピンやベトナムとの衝突は遅かれ早かれ生起したとも言える。

深刻なのは、この衝突の解決の糸口が見えないことだ。領土紛争は対話で解決することは難しく、武力衝突に発展することもしばしばだ。しかも、中国と東南アジア諸国との軍事力の格差は大きい。

ここでも鍵になるのは米国の存在だろう。現在、中国を含め、各国は軍事衝突を望んでいない。現在の危機をエスカレートさせないためには、米海軍のプレゼンスと水面下で落としどころを探す努力しかない。中国と周辺各国が、双方の不信の理由を理解し、これを緩和することができなければ、南シナ海における衝突が頻発する事態になりかねない。

南シナ海、もう一つの意義——「九段線」への執着

中国が南シナ海を死活的に重要だと考える理由が、もう一つある。軍事的・戦略的なものであ

る。中国は、米国に対する核報復攻撃を保証するためには、南シナ海が死活的に重要だと考えているのだ。

中国は、通常兵力で米国に勝利することはできないと考えているが、それでも、中国が発展する過程で米国と利害が衝突する可能性は高いと認識している。中国は、米国が自身の支配を継続するためには、その邪魔になりかねない中国の発展を阻害すると考えるからだ。

中国は、二〇一四年七月に開かれた米中戦略経済対話において、米国側から、中国との対立を避けるという言葉を引き出した。ケリー国務長官は、「新たな大国と既存の大国の対立が避けられないということはない。どの道を選ぶかだ」と述べたのだ。

中国が、米国から、米中が大国であるという言質を得た。さらに、両大国間に利益の衝突があっても米国は武力行使せず、議論を通じて問題解決を図るという「口約束」を得たのだと言える。しかし、中国は、「口約束」だけで米国を信用するはずもない。言質を得る一方で、実力でも米国の「中国に対する妨害行為」を抑え込む努力を継続している。

中国は、通常兵力では勝てなくとも、核兵器で抑止を効かせることはできると考えている。そのため、中国は現在でも核兵器の開発を続けているのだ。二〇一三年一二月に、DF－41新型大陸間弾道弾の試験発射も、その努力の一環である。ちなみにこの発射実験は成功している。

しかし、陸上に配備される核兵器は、たとえ移動式であっても、完全に位置を秘匿することは難しい。米国の核先制攻撃によって、破壊される可能性があるのだ。これでは、核報復攻撃の保証にならない。

米国の核先制攻撃に対する核報復攻撃の最終的な保証は、位置を秘匿できる戦略原潜によって得ることができる。戦略原潜とは、核弾頭を搭載した弾道ミサイルを発射可能な原子力潜水艦である。

中国海軍は、以前、「夏」級／092型原子力潜水艦を北海艦隊に配備し運用していた。この092型潜水艦について中国は、その存在自体を公表しようとしなかった。実は、これはおかしなことである。戦略原潜が秘匿しなければならないのは、その位置であって、存在ではないのである。

抑止する相手に対して、自身に相手を攻撃する能力があることを理解させた上で、相手にその能力に対抗することができないと思わせるから抑止になるのだ。能力があること自体に疑念を抱かせたのでは抑止にならない。

相手に、「能力に対抗することができない」と思わせるためには、相手にその能力を破壊する機会を与えないことだ。その能力の位置を秘匿しておけば、相手はその能力に対して攻撃することができない。

その意味で、戦略原潜は、その存在を誇示しつつ位置を秘匿できる。相手の核先制攻撃を生き延び、必ず核報復攻撃ができる戦略原潜は、相手の核先制攻撃を思い止まらせる、すなわち抑止効果を持つのである。

中国が、戦略原潜の意義を理解していなかったと言えるのは、その存在を明らかにしなかったからだけではない。戦略原潜を配備していた場所も問題である。

図表6　第1・第2列島線

中国は、０９１型攻撃型原潜と併せて、０９２型戦略原潜を北海艦隊から運用していた。これは、当時、中国がまだ海軍の運用を理解していなかったことも理由の一つであると考えられる。

中国では、海軍は陸軍のオペレーションの一部を支援する程度の存在からスタートしている。陸軍的発想から言えば、首都防衛を担う北海艦隊が最強でなければならなかったのだ。最強の兵器は首都防衛のために配備されなければならなかった。

しかし、実際の運用上、北海艦隊の各基地の位置は、戦略原潜を運用するのに適していなかった。その理由の一つは、東シナ海の水深が浅いことである。

実は、浅海域では潜水艦を捜索する側にも克服すべき課題はあるのだが、潜水艦側からすれば、せっかく三次元の運動が可能な潜水艦の強点を放棄することになる。浅海域では、潜水艦は深度を大きく変えて探知を回避することができない。

さらに、中国の艦艇が東シナ海から太平洋に出ようとすれば、第一列島線を通過しなければならない。第一列島線を抜けて太平洋に出るためには、海上自衛隊や米海軍の監視を潜り抜けなけ

「晋」級／094型原子力弾道ミサイル潜水艦。戦略原潜は、米国の核攻撃に対する核報復攻撃の最後の保証である。（写真提供：海人社）

ればならないが、これは不可能に近い。海上自衛隊と米海軍は、列島線を通過する艦艇を全て把握することができる。

太平洋にパトロールに出る前に探知されたのでは、米国の核先制攻撃に対する報復攻撃の保証にはならない。太平洋に出るときから、米海軍の攻撃型原潜にずっと後をつけられることになるからだ。常に位置を暴露しているということは、いつでも米海軍の攻撃型原潜によって撃沈されてしまうということである。

太平洋での戦略パトロールは隠密裏に行われなければならない。探知されずに太平洋に出る必要があるのだ。

現在、戦略原潜として「晋」級／０９４型原子力潜水艦を運用しているが、「商」級／０９３型攻撃型原潜と併せて、海南島の南側にある南海艦隊の基地に配備されている。

海南島は、南シナ海に飛び出した島である。

地図でその位置を見れば、中国海軍が戦略原潜を南シナ海から運用しようとしていることは明らかだ。

南シナ海は、東シナ海に比べて水深が深い。出港して間もなくダイブすることができる。潜水艦にとって運動の自由があるという訳だ。

また、南シナ海を取り巻く東南アジア各国の海軍力は概して高いとは言えない。特に、太平洋側を抑えるフィリピンの海軍力は非力である。中国の戦略原潜が、探知されずに太平洋に出られる可能性が高いのだ。

また、搭載しているJL－2ミサイルの射程を延長することに成功すれば、将来的には、南シナ海から米国本土を射程に収めることができる。

このため、中国は南シナ海を自らの管理下に置きたいのである。これは、中国にとっては、自国の存亡にかかわる根源的な問題である。

海底資源の獲得や海上輸送路の保護ももちろん、中国のエネルギー安全保障にとっては、極めて重要な意味を持つ。エネルギー資源などが中国に入らなくなれば、中国の経済は致命的な打撃を受けることになる。

さらに、米国に対する核報復攻撃の最終的な保証は、中国という国の存続にかかわる問題である。中国が、南シナ海の管轄権をあきらめないというのは、こうした理由があるからだ。

しかし、ここでも問題は米国である。米海軍がフィリピンから撤退するのと機を同じくして、中国は南シナ海への進出を開始したが、米国が「アジア回帰」を始めた。

米海軍が南シナ海において自由に活動したのでは、中国の目的は達成されない。この意味でも、中国は南シナ海における自らの権利を確固たるものにし、管理を強め、米国の活動を排除する努力を継続することになる。

大国間のバランス・オブ・パワー・ゲーム

元々、中国の外交は、大国間のバランスをとることに焦点を当ててきた。簡単に言えば、一九五〇年代は「反米親ソ」、六〇年代は「反米反ソ」、七〇年代は「親米反ソ」、そして八〇年代は「是々非々外交」である。

「是々非々外交」は、米ソいずれかと接近して、もう一方を牽制するというゲームからの脱却を目指すものだ。どちらに接近するにしても、米ソいずれかの影響が大きくなるからである。当時の中国指導部の思惑は、一九八二年に鄧小平によって初めて公式の場で用いられた「独立自主外交」という言葉に表れている。

すでに中華人民共和国という独立国家である中国が「独立自主」を掲げなければならなかったのは、それほど、中国の外交が米ソによって影響を受けてきたからであり、鄧小平がこれを嫌ったからに他ならない。

また、外交は内政と表裏一体である。国の指導者は、同時に、外交と内政という二つのゲームをプレイするという意味で、「ツー・レベル・ゲーム」という言葉も使われる。中国の外交も、国内権力闘争の結果が反映されていた。

外交方針は、権力闘争の議論にも利用されたし、また反対に、権力闘争の結果、鄧小平が改革開放政策を実質的に進めることができるようになり、「独立自主外交」はこれを反映したものでもあるのだ。

しかし、中国の、米国および旧ソ連（およびロシア）に対する不信感が消えた訳ではない。常に大国によって蹂躙され、発展を妨害されてきたと認識する中国の、大国に対する不信感は根深い。

中国は、特に、旧ソ連およびロシアに対して根深い不信感を有している。不信感だけではない。一九六〇年代から七〇年代にかけて、中国は、本気で旧ソ連が攻めて来ると信じていた。そのため、当時の人民解放軍は、北京の地下に、複雑な要塞都市を建設した。

私が北京で勤務していた際に、人民解放軍の将軍が、「若い頃は、ソ連の侵略に備えて、ひたすら穴を掘らされたものだ」と述べたことがある。

北京には、現在でも観光用に開放されている「地下都市」があり、見学できる。旧ソ連が北京まで攻めて来たときに、市民が地下にこもって生活できるよう工夫されていて面白い。また、中央の指導者たちが隠密裏に移動したいときに使用する地下自動車道や地下通路もある。

指導者たちは、体調を崩したのを公にしたくないときなども、地下通路を使用して病院に行くという。体調を崩したことを政敵に知られれば、自らのグループが危険にさらされるからだ。

二〇〇六年一月、北京の東三環路が突如陥没し、巨大な穴をあけた。北京には、最も中心にある二環路から郊外に向かって、三環路、四環路、と環状道路が取り巻いており、現在は六環路まで完成している。

二〇〇六年当時、北京市が北京市東部を経済的中心にする計画を展開していたこともあり、東三環路は、大手企業や大規模商業施設、高級ホテルなどが集まる地域を通る、北京の大動脈とも言える道路である。

この巨大な穴は、しばらくはブルーシートで完全に覆われ、中を見せないようにしていたが、陥没したことを北京市民に隠しておくことはできない。

このとき、北京では、「地下鉄工事か何かで地面を掘ったときに、誤って、地下通路の近くまで掘り過ぎたためだ」という話をよく聞いた。東三環路を車両が通行できなくなって大いに迷惑していた北京市民たちは、「地下通路の場所くらいちゃんと調べとけ」と怒っていたのだ。公表された理由は「下水管の破裂」であったが、北京市民の中には、この理由を見て、鼻で笑う者たちもいた。「地下通路に関係していたとしても、中央政府も北京政府も、地下通路があるとは言えないだけだ」と言うのだ。

こうした地下施設は、敵が攻めて来るという恐怖心から建設されたものである。こうした恐怖心は、簡単に消えるものではなさそうだ。たとえ、表面的には協力関係を演出して見せても、内心では不信感を膨らませている。

二〇一四年五月二〇日、中ロ海軍合同演習「海上連合2014」が開始され、二六日までの間、東シナ海において、実動演習が展開された。演習の内容もさることながら、最も注目されたのは、中ロ両首脳がそろって演習の開会式に出席したことである。

プーチン大統領の訪中はアジア信頼醸成措置会議（ＣＩＣＡ）首脳会議に出席するためでもあるが、中ロ共同演習の開始の日程を合わせて、習主席とともに開幕式に出席することにしたのは、プーチン大統領が積極的に中国との軍事的協力関係をアピールしようとしたことを示している。

ロシアの積極的な態度は、一年前の中ロ共同演習の際とは大きく異なる。二〇一三年七月に実施された「海上連合２０１３」は、七月一日に中ロ両総参謀長によって発表された。しかし、同日には、合同演習に参加する中国海軍艦隊がすでに北海艦隊の港を出航していた。

この合同演習に参加した中国艦隊は、北海艦隊と南海艦隊の双方から派出された艦艇から編成されており、南海艦隊から派出された艦艇は、これより以前に南海艦隊の海軍基地を出港していたことになる。中国海軍が合同演習参加のために行動を開始したときには、まだ合同演習の実施は発表されていなかったのだ。

発表が遅れた原因として、ロシアが、中国が日米に圧力をかけるためにロシアを利用しようとしていることに難色を示した可能性が考えられる。

当時、中国は、中ロの軍事協力を見せつけることによって、日米に圧力をかけようとしていた。中国では、この演習と同時に、舟山沖で海軍艦艇が実施した実弾射撃を合わせて、「もし日本が中国に開戦すれば、北からロシアが、西から中国が日本に攻撃を加える」とする内容の報道も見られる。

中国が、ロシアに接近して日米を牽制しようとしたのには背景がある。少なくとも、二〇一二年末から二〇一三年三月にかけて、中国には日中関係改善を模索する動きがあった。しかし、三月末に、日中関係改善は絶望的であると考えた中国は、米国と直接、アジア太平洋地域の安全保障環境を議論しようとする。

米中「新型大国関係」構築の試みがそれである。四月のケリー米国務長官訪中時に、習近平主席が会見して、「数日前に、オバマ大統領と、『新型大国関係』構築のための議論を始めることで合意した」と述べ、米中間で安全保障環境を作っていくことへの期待を滲ませた。

しかし、六月の米中首脳会談では、米中の思考が全くかみ合わないことが明らかになる。それまで、米国との協調的共存を模索していた中国指導部は、「米国に強硬姿勢で対応する」ことを決めた。

しかし、米国に対して強硬姿勢をとっても、米国が中国に対して武力行使したのでは困る。中国は、種々の方法で、米国に「中国に対して武力行使しない」よう仕向ける努力をしているが、ロシアを使って米国に圧力をかけるのはその一つである。

「海上連合２０１３」が終了した後、中国軍関係者が、「ロシアとの協力が成立したので、これで米国とのバランスがとれる。一安心だ」と語ったのは、米国に対する恐怖心とこれに対抗するためのロシアへの接近であることを示すものである。

「海上連合」のような大規模演習は、もちろん、少なくとも年初には計画されていたであろう。しかし、米中関係が変化して、中国のロシアへの要求も変化したのだ。中国は、対日米牽制の色をより強く打ち出したかったのである。

「海上連合２０１３」におけるロシアの消極的態度は、中国の要求する対日米牽制が強すぎるという認識の表れなのだ。それどころか、ロシアは、こうした中国の強硬な姿勢に対して警戒心さえ抱いたのである。

中国が、ロシアを利用して大国間バランスをとろうとしても、これがなかなか難しい。米国にもロシアにも、それぞれの思惑があり、それぞれに利益を追求しているからだ。

ウクライナ情勢が緊迫したとき、中国の政府関係者は、「米国とロシアがアジアの安全保障環境を複雑にしている」と怒りを露わにした。中国が、米中ロという大国間の微妙なバランスをとろうと努力していたのを台無しにされたと感じたからである。

欧米諸国が、ロシアによるクリミア併合を非難してロシアに対して制裁をかけたことによって、国際的に孤立したロシアは、投資の激減などによって経済的にもダメージを受け、中国との経済関係を強化する必要に迫られた。

ここにきて、ロシアが中国に接近し、協力関係をアピールし始めたのだ。ウクライナ危機によるロシアの態度の変化は、中国にとって、二〇一三年の間は考えられなかったことである。

ロシアの協力姿勢によって不意に背中を押されることになった中国は、自らがコントロールしたいと考える範囲を超えて、日米や東南アジア諸国に強硬姿勢を見せることに苛ついたのである。米ロを利用して米中ロ三カ国のバランスをとるのは極めて難しいが、自身も大国として地域情勢創出にかかわりたくとも、自身の軍事力が不足していると感じる中国としては、米ロを利用してバランスをとるより他に方法はない。

中国の、米ロをバランサーにした危うい綱渡りは、これからも続くことになる。

第七章

人民解放軍は戦う組織なのか？

「戦争準備」を掲げた国防白書

二〇一三年四月一六日に発表された国防白書は、「中国武装力の多様化する運用」（中国では武装警察などの警察も武装力に定義され、人民解放軍のみを指す軍事力とは区別される）という名称であったため、日本の一部では国防白書とは別のものではないかと見る向きもあった。

しかし、発表時に新華社が、「中国政府は初の特定のテーマに絞った国防白書を発表した」と報じているように、これまでとは異なる国防白書だったのである。中国の国防白書は二年に一度発表され、二〇一三年の国防白書も定期的に発表されたものである。

この国防白書の中で、中国は「一部隣国は、中国の領土主権および海洋権益にまでかかわる（部分で）、問題を複雑化・拡大化する行動をとっている。日本が尖閣問題で騒ぎを起こしているのだ」と日本を初めて名指しで非難した。

日本政府は当然のようにこの一文を問題視したが、唐突に日本非難を始めている訳ではない。この文章の出だしを見れば、何らかの文脈の中で述べられていることが理解できる。実際、中国が直面する安全保障上の問題について、全体的な情勢について述べた後に具体的な問題にブレイク・ダウンしている部分なのだ。

日本では、この一文をもって中国が軍事的にも対日強硬姿勢に転じていると考えられているが、中国が軍事力をどのように使用しようとしているのか（少なくとも、国際社会にどうアピールしようとしているか）は、国防白書全体を読まねば理解できない。

まず、この国防白書の目次を見れば、これまでの国防白書との違いは一目瞭然である。これまでの国防白書は「〇〇〇〇年中国的国防白書」と題されており、その目次は、「一・安全保障情勢」「二・国防政策」とあった後に、人民解放軍の現状・発展の方向を紹介する各項目が続いた。人民解放軍の現状・発展の方向は、その時々の世界的な（特に米軍の）軍事の趨勢を反映する。例えば二〇〇四年は、ＲＭＡ（軍事における革命）を意識して、第三に「中国の特色のある軍事変革」という項目を挙げる。このような流行の項目以外は、毎年、「各軍種の内容」「国防動員」「国防科学技術」「国防費」「安全保障協力」という内容を紹介する項目を並べていた。

しかし、二〇一三年の国防白書の目次は大きく異なる。「安全保障情勢」および「国防政策」

という項目はなくなり、当該内容は第一項の「新たな情勢、新たな挑戦、新たな使命」に含まれた。日本に関する記述はこの第一項にある。

第二項は「武装力量建設と発展」として人民解放軍各軍種の内容を紹介している。さらに、第三項以降は内容の括り方にも変化がある。構成自体を変えているのだ。第三項は「国家主権、安全、領土の完全性を防衛する」、第四項は「国家経済社会の発展を保証する」、第五項は「世界平和と地域の安定を保護する」と並ぶ。これらは、以前と異なり、優先順位をつけた人民解放軍の任務ごとにその内容を記述したものと理解することができる。

名称および目次、それに伴って構成が大きく変わった国防白書だが、内容量（字数）は減っている。字数の減少も、日本の一部で、国防白書そのものではないのではないかと疑われた原因の一つである。

しかし、字数が多いからと言って、以前の国防白書のほうが透明性が高かったということは全くない。中国は、この二〇一三年の国防白書が初めて人民解放軍の各種データを公表したと得意げに述べている。

二〇一三年の国防白書の特徴は「具体化」である。少なくとも中国ではそのように宣伝されている。新華社の報道で強調されるのは、中国が初めて公式に一八個の集団軍の番号および陸海空軍の人数、さらには第二砲兵が保有するミサイルの型を公表したことである。

これまで中国は、人民解放軍が七大軍区に区分されるという以外は部隊編成などを公表していない。この国防白書は、各大軍区の下にある集団軍の番号を公表したのだ。新華社の図解を見れ

図表7　中国軍の配置

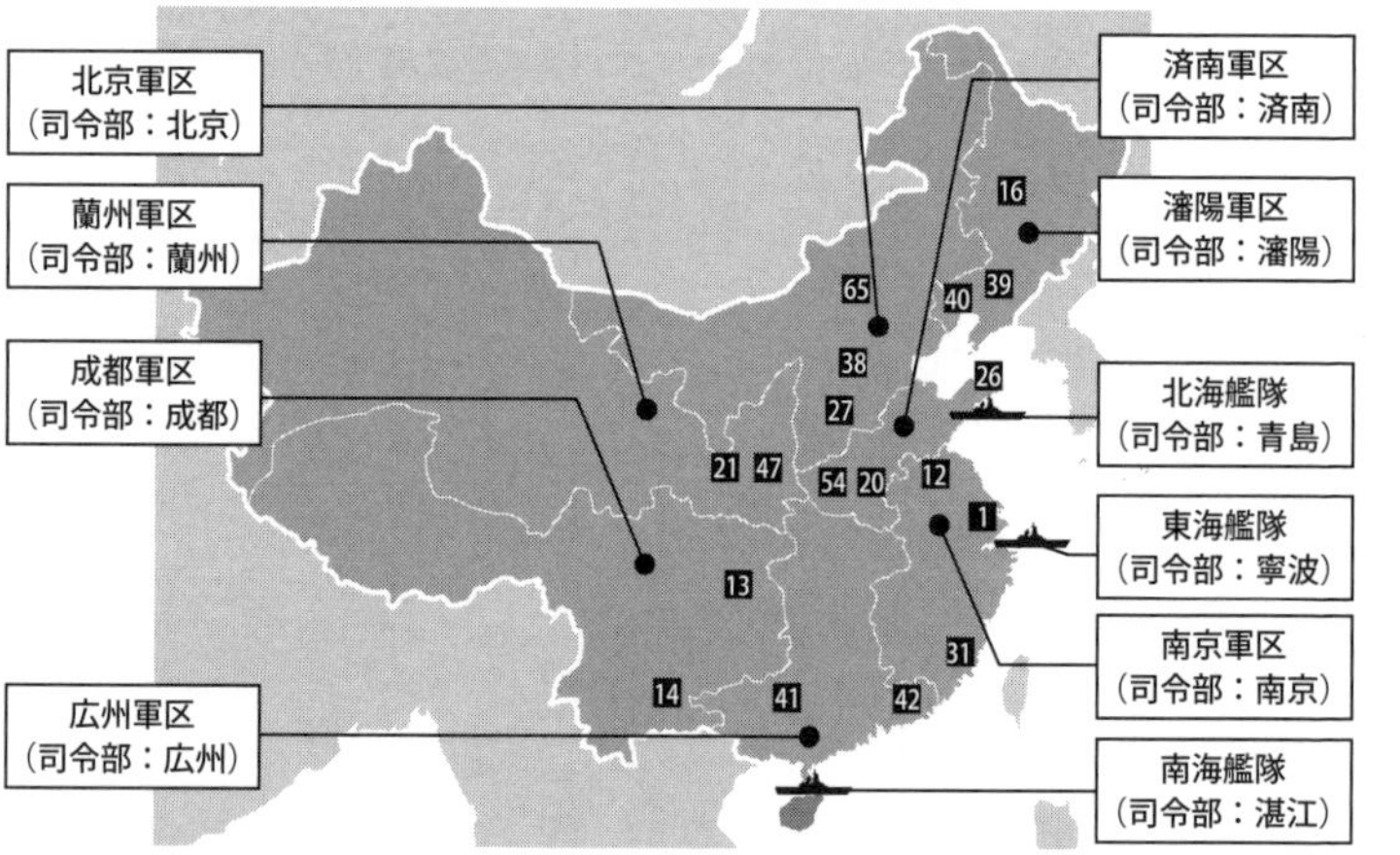

(注) 陸軍と空軍の軍区は同一である。●軍区司令部　艦隊司令部　■集団軍（陸軍）司令部
(出典)「防衛白書平成26年版」より著者作成。

ば、正確に示されているとは思えないが、大まかにどの辺りにどの集団軍が位置するかは理解できる。

ちなみに、新華社は国営であり、新華社の報道は「中国政府による国防白書の解説」という意味合いを有するのだ。さらに、陸海空軍の人数を公表した。これも中国では初めてのことだが、第二砲兵と武装警察の人数は公表されていない。

これらの人数は、陸海空軍に比べて敏感だということだろうか。武装警察は、一九八九年の六四天安門事件以降、その勢力を拡大していると言われる。国内の治安を乱す分子を武力で鎮圧する部隊であるため、その規模などの公表は好ましくないと判断された可能性もある。

人数に替えて第二砲兵に関して公表されたのが装備するミサイルの型式であるが、

実際には「現在、『東風』シリーズ弾道ミサイルおよび『長剣』巡航ミサイルを装備している」と記述されているに過ぎず、「型式を公表した」と言うにはほど遠く感じる。具体的な数値を挙げて透明性を高めようとする動きには、党内部や人民解放軍からの抵抗もあるだろう。「具体化」は始まったばかりなのだ。

部隊番号および数値とは別に、「具体化」を示すものとして、「武装力量の多様化運用の原則」が挙げられている。この部分は、中国の軍事力使用の考え方を示すものと考えられる。

中国武装力量の多様化運用に関する基本政策および原則は、第一項の「新たな情勢、新たな挑戦、新たな使命」の「新たな使命」の部分で示されている。

この項の構成は以下のようなものだ。新たな情勢として「経済のグローバル化、世界の多極化、文化の多様化、社会の情報化などが有利に作用し、全体としては平和で安定した国際情勢にある」としつつ、「同時に、世界は依然不穏で、覇権主義、強権政治および新たな干渉主義が多少増加し……アジア太平洋地域は、日増しに世界経済発展と大国の戦略ゲームの重要な舞台になり、米国はアジア太平洋戦略を調整し、地域情勢は深刻に変化している」と、米国の「アジア回帰」が中国の安全保障環境を変化させているという認識を示している。

米国の「アジア回帰」による情勢の変化の下で生じている、中国に対する「新たな挑戦」の一つとして、「日本の尖閣諸島に関する行動」が挙げられているのだ。文脈としては、「ある国家はアジア太平洋における軍事同盟を深化させ、軍事プレゼンスを拡大し、頻繁に地域の緊張局面を作り出している」とした後に、先の「一部国家は……」という日本非難の文章が続く。

「ある国家」という表現は特定の一つの国を指すもので、内容から言って米国を指している。それに続く「一部国家」に含まれる日本は、米国が作り出している環境の中で尖閣問題を引き起こしているという表現であり、中国にとっては、あくまで米国が問題であるとの認識が窺える。

とは言え、日本を名指ししたことは、中国がもはや尖閣問題において日本に配慮しないことを示すものだ。中国が今後、国際社会において尖閣問題における中国の主張をアピールし、中国の言う「日本の一方的な現状変更」に対して、軍事力を用いてでもこれを許さないという意志を示したことにもなる。

尖閣問題の次に、「テロリズム、分裂主義、過激主義」の三つの勢力を挙げ、続けて「台湾独立勢力」に触れている。ちなみに「台湾独立勢力」には以前の国防白書でも触れているが、チベットや新疆ウイグルの独立運動などを含むであろう分裂主義には、その具体的な対象を示していない。名指しをしないことは、中国政府の配慮であるとも言える。その後に、自然災害、事故および衛生に関する事件を挙げ、次に、軍事技術の発展も中国にとっての新たな挑戦であるとしている。

これらの挑戦に対して人民解放軍がどう立ち向かうかを示したのが、中国武装力量の多様化運用にかかわる基本政策と原則である。国防白書には、五項目の基本政策と原則が示されている。その第一は、「国家主権、安全、領土の完全性を防衛する」である。これが「中国が国防建設を強化する目的であり、憲法および法律が中国武装力に授ける神聖な職責である」として、法に基づく最高位の任務であることを強調する。

また、「積極防御の軍事戦略」を継承しつつ、「辺境、海上、航空の安全を防衛し、国家海洋権益および宇宙、サイバー空間の安全と利益を防護する」として、海洋権益、宇宙、サイバー空間を、特に防護の対象として指定しているのが特徴的である。宇宙は米国によって第四の戦場、サイバー空間は第五の戦場とされており、これを意識したものと思われる。

この後に述べられている「他者が我方を侵害しなければ、我方も他者を侵害しない、他者がもし我方を侵害すれば、我方も必ず他者を侵害する」の部分も、日本では尖閣問題に対する中国の強硬姿勢の表れとされる。

しかし、この表現自体は新しいものではない。この言葉が中国共産党によって初めて公の場で使用されたのは一九三九年とされる。毛沢東が共産党内部に対して、国民党への対応を指示した言葉である。

しかも語源は、三国志の曹操の言葉にまで遡ると言う。毛沢東は歴史が好きで、常に歴史に教えを求めたのだ。毛沢東が使用した当時は、共産党員に「自衛の原則を越えてはならない」という先制攻撃を戒める意味で使用されたが、以後、「中国に攻め入る敵を全滅させる」という意味のスローガンとして頻繁に使用されてきた。

国防白書でも、この言葉に続いて「断固として一切の必要な措置をとり、国家主権と領土の完全性を防護する」と述べていることから、中国の主権および領土防衛に対する強い意志を示すものであると言える。

第二は、「情報化された条件下での局部戦争に勝利する（という目的）に立脚し、軍事闘争の準備を拡大・深化させる」としており、目的自体に変化はないが、「軍事闘争の準備」を挙げたのは、突発的に軍事衝突が生起する可能性があるという危機感を示したものだろう。

これまでの「各軍種の建設」から、軍事闘争準備および統合運用に意識が変わっているのが見て取れる。より実戦を意識したものになっているということだ。

第三は、「総合安全保障の概念を確立し、戦争以外の軍事作戦（MOOTW）を効果的に遂行する」である。ここでは、平時における武装力の運用を重視するとし、国家経済社会建設の支援および救難・災害救助などの任務を挙げており、以前の白書で述べられていた内容と大差はない。

第四は、「安全保障協力を深化させ、国際的義務を履行する」であり、中国が近年強調しているものである。

第五は、「厳格に法に基づいて行動し、政策規律を厳守する」である。これは、胡錦濤政権が進めてきた「法による統治」「法に基づく行動」の流れを汲むものであるが、二〇一三年の国防白書では、「国連憲章」「国際準則」「二国間・多国間条約」などを挙げ、国際的な合法性を確保することを、より強調している。東シナ海および南シナ海などで生起した事象を意識しての表現と思われる。

第三項は「国家主権、安全、領土の完全性を防衛する」、第四項は「国家経済社会の発展を保証する」、第五項は「世界平和と地域の安定を擁護する」とあって、結語に続く。この中で注目されるのは、「海洋権益」と「海外利益」に関する記述である。新華社もこの二つを特に取り出して強調している。

「海洋権益の防護」は、二〇一二年一〇月に実施した「東海協作2012」を取り上げ、海軍と法執行機関の協力体制を重視している。また、「国家海外利益の防護」は、アデン湾、ソマリア沖海域における海賊対処、リビアからの中国国民の避退などを挙げ、中国が世界で経済活動を行う上で、安全面での保障を与えていることを強調する。

特に「海洋権益の防護」について、日本では尖閣問題に絡めて議論されることが多いが、国防白書の中では、第三項の「国家主権、安全、領土の完全性を防衛する」ではなく、第四項の「国家経済社会の発展を保証する」の中で述べられており、「海洋権益」を領土問題と直結させない配慮がある。これは、「海洋権益」を安全保障とは別の部分で述べた、全人代における温家宝首相の政府活動報告と同じ流れにあるものと言える。

「具体化」が特徴とされる二〇一三年の国防白書で明らかにされた部分は決して多いとは言えないが、変化させようとする意図は見える。これまでと異なる国防白書の主たるテーマは「米国が作り出した『新たな情勢』に対応する解放軍の運用」であった。

また、この国防白書は、国際社会の中での運用を強く意識したものになっている。日本では、「核の先制不使用」が記述されなかったことをもって、中国が核の先制攻撃を実施する可能性があるとの議論もあるが、「国連憲章」をはじめとする国際法・規範および条約などを遵守する限り、核に限らず、中国単独の意思で先制攻撃はできないはずだ。

一方で、先制攻撃かどうかの判断は恣意的でもある。中国が、米国の「アジア回帰」に神経を尖らせていることを自ら示し、尖閣問題で日本を名指ししたことからも、軍事力による東シナ海の緊張状態が継続するであろうことは容易に理解できる。

この国防白書には、伏線がある。二〇一二年一二月一二日、広州軍区を視察した習近平主席が部隊に対して、「戦えるようにしろ、勝てるようにしろ」と指示した。日本では、中国が日本に対して戦争準備をするよう指示したのではないかとも分析された。

これ以降、中国人民解放軍では、「戦えるようにすること」すなわち戦争準備のキャンペーンが始まる。問題は、習近平主席がなぜ「戦えるようにしろ」と指示しなければならなかったかである。「戦えるようにしろ」と指示しなければならないのは、現在、人民解放軍が戦える状態にないからに他ならないからだ。中国指導部が、人民解放軍は戦えないと認識している理由が問題なのだ。その大きな要因が汚職をはじめとする腐敗である。

反腐敗と指揮系統正常化

海軍司令員の交代が行われない。二〇〇六年六月に現海軍司令員の職に就いた呉勝利上将は、すでに八年以上もの間、中国海軍トップの地位に居続けている。中国では、二〇一二年から一三年の間に、海軍副司令員を務め、現在、人民解放軍副総参謀長である孫建国上将が新しい海軍司令員になるものと予想されていた。

孫建国上将は潜水艦乗り、サブマリナーである。一世代前の「漢」級攻撃型原子力潜水艦の艦長時代に米海軍の記録を破って連続潜航九〇日という記録を打ち立てている、生粋の海軍軍人である。海軍のオペレーションを理解していない軍の研究者や政治将校とは異なる。

二〇〇四年一一月に、中国海軍の「漢」級潜水艦が南西諸島付近の日本の領海を潜没航行した事案について、当時、海軍参謀長であった孫建国少将（当時）と、翌年一月の中国海軍主催新年会の場で、率直に議論することができた。

彼はまた、『あゝ海軍』（邦画である）は、海軍軍人ならぜひとも見なければならない映画だ」と言って、どこの海軍でも必要とされる素養は皆同じであると主張したが、これには全く同意である。国を問わず、海軍には海軍共通の船乗りとしての躾がある。

しかし、孫建国上将が海軍司令員になることはなさそうだ。これは、孫建国上将が出世した理由に原因がある。孫建国上将が二〇〇四年に海軍参謀長に抜擢されたのは、「明」級「361号」通常動力型潜水艦の事故処理の功績による。

「361号」潜水艦は、二〇〇三年四月に、乗員全員が死亡するという痛ましい事故を起こした。シュノーケリング（潜水艦自体は潜没したままシュノーケルだけ海面上に出して換気し、ディーゼル・エンジンを回して蓄電すること）中に、シュノーケルの安全弁が開かず、艦内に一酸化炭素が充満したため、乗員全員が中毒を起こして死亡したとされる事故だ。

シュノーケルに装備されている安全弁は、シュノーケルが波をかぶったときに、海水がエンジンに吸い込まれないよう閉じる機構になっている。「361号」潜水艦の安全弁が故障を起こして開かなかったのか、あるいは、潜水艦の深度コントロールが悪く、シュノーケルが海面上に出ないままエンジンを回したのかは定かではない。

実は、潜水艦は、潜航深度が浅いほど深度コントロールが難しい。水深が増せば水圧も増すため、深い深度では水圧が高く、浮力調整の誤差の潜水艦周囲の水圧に対する比率は低くなる。しかし、浅い深度では水圧が低いため、少しの浮力調整の誤差が浮力に大きな変化をもたらす。

二〇〇六年一〇月には、沖縄近海の太平洋上で行動中の米海軍空母「キティーホーク」に、中国海軍「宋」級通常動力型潜水艦が近接し、「キティーホーク」の後方数マイルに浮上した。日本では、米空母に対する威嚇行為として騒がれたが、中国潜水艦が深度コントロールを誤って、海面上に飛び出してしまったとも言われている。

故障にしても操艦ミスにしても、「361号」潜水艦の事故は、中国海軍に激震を走らせることになった。艦艇の運用に関してではなく、人事に関して、である。

「361号」潜水艦は、渤海において半潜没状態で発見された。通信が途絶してから一〇日後である。しかも、発見したのは漁民だった。

通常、行動中の潜水艦は、一定の期間ごとに陸上基地と通信を行う。定められた時刻になっても潜水艦から通信がなければ心配するのが普通だろう。定められた時刻から一定の時間が過ぎれば、潜水艦の遭難を疑わなければならない。

さらに時間が経過すれば、実際に捜索救難活動が行われることになる。しかし、このとき、「361号」潜水艦が所属する北海艦隊司令部および北京の海軍司令部には、そのような緊張感はなかった。それどころか、漁民の通報を信じず、対処しなかったのだ。

当時、潜水艦基地の副司令を終えて海軍副参謀長の職にあった孫建国上将（当時は大佐クラスであったろう）は、これを許さなかった。海軍司令員および海軍政治委員を飛び越して、直接、当時党／国家中央軍事委員会主席であった江沢民に訴え出たのだ。

江沢民は激怒し、自ら事故処理の采配を振るうと、海軍司令員・石雲生および海軍政治委員・楊懐慶の職を解き、北海艦隊司令員・丁一平および北海艦隊政治委員・陳先鋒他八名を更迭した。そして、孫建国は少将に昇任して海軍参謀長に任命されたのである。当時、「361号」潜水艦に、高級幹部の子弟が乗艦していて、全員が死亡したことも、責任の追及や人事に影響している。「漢」級潜水艦の日本領海内潜没航行事案に関して話をしたのは、彼が海軍参謀長の職に就いた直後である。その後も、総参謀部総参謀長助理となって中将に昇任し、二〇〇九年には人民解放軍副総参謀長に任命されて現在に至っている。

孫建国上将が当時とった行動は、サブマリナーとしては当然のものであろう。迅速に潜水艦救難活動を行うためには、他に手段がなかったのだ。問題は行動の是非ではなく、「誰が孫建国上将を抜擢したか」なのだ。「361号」潜水艦の事故を契機に彼を抜擢したのは、他ならぬ江沢民である。このことが、孫建国上将が海軍司令員になるのを妨げていると言う。

習近平主席が主導する「反腐敗」には、江沢民派排除の側面もある。習近平主席は、二〇一三年、鉄道部トップの劉志軍部長（大臣）を、収賄容疑で有罪にして排除した。日本では、収賄の罪に問われた範囲が非常に狭く、刑も軽かったことから、習近平主席の「反腐敗」の実効性に疑問を投げかける論調も多かった。

しかし、これは非常に中国らしい権力掌握のやり方である。そもそも、江沢民の影響が及んだ部門や人間を全て排除すると、鉄道部自体が解体の危機に瀕する。江沢民は国家主席の座に、一〇年の長きにわたって君臨したのだ。現在の中国で指導的立場にある者は、多かれ少なかれ、江沢民の影響を受けている。

影響を受けた全員を排除するのは非現実的であるが、象徴的な人物を粛清してこれを他の者に見せつけ、彼らを粛清しない代わりに忠誠を誓わせるということはできる。外部からは見えにくいが、習近平主席と鉄道部の間でこの「手打ち」が行われたのだ。

この「手打ち」は、習近平主席と人民解放軍の間でも行われている。そして、こちらの粛清と手打ちは明確な形で表れた。二〇一二年一一月、党/国家中央軍事委員会副主席であった徐才厚上将が、全ての職から退いた。表面的には通常の退官であるが、実際には、習近平指導部に粛清されたのだ。退官前には、拘束されて取り調べも受けていた。

徐才厚が愛人を囲っていたことは、中国政府・軍関係者の間では有名な話だった。しかし、これに汚職疑惑が加えられるとただでは済まない。徐才厚の保護の下に、巨額の汚職によって私腹を肥やしていた元人民解放軍総後勤部副部長・谷俊山は、すでに二〇一二年に更迭されている。

後勤部は、基地や宿舎の整備の担当もしている。不動産にかかわっているのである。中国でも不動産は金になる。谷俊山はこうした立場を利用して私腹を肥やしたのだ。

また、谷俊山も、「中国の女性芸能人は全て自分のおもちゃになったことがある」と述べたと言われるほど、女性関係が派手なことで有名だ。中国では、指導的立場にある人間が追及される際、女性関係と汚職の二本立てであることが多い。

美しい女性との関係も汚職による蓄財も、大衆の妬みを買う。そうした人間が厳罰に処せられれば処せられるほど、大衆が溜飲を下げるという訳だ。金ができると不適切な異性関係に走るのは日本も一緒かも知れないが、女性も皆、金に走る傾向にある中国では、美しい女性が一部の金持ちの男性に集中してしまう。

谷俊山は、二〇一四年三月三一日、中国国防部によって収賄容疑で起訴された。これに先立つ同年一月、谷容疑者の湖南省にある実家に家宅捜査が入った。この様子が動画で公表されている。見せしめなのだ。また、徐才厚に対する追及が続いていることを示すものでもある。

二〇一四年四月、膀胱癌のため人民解放軍三〇一医院で療養中とされていた徐才厚の自殺説が中国メディアを騒がせた。中華人民共和国成立の過程では共産党イコール人民解放軍であり、現在でも全国各地域に人民解放軍の病院や診療所があって、国民に医療を提供している。

中国でも、良い医療を受けようと思うとそれだけ金がかかる。軍の病院も他の病院と同様に医療費はかかるが、金がない庶民たちにとっては、比較的安価で、ある程度の医療を受けられる病院として、広く利用されている。三〇一医院は北京に所在する全国にある人民解放軍の病院の本院で、中国の指導者たちが利用することで知られる。徐才厚もここに入院していたのだが、追及の手から逃れることはできなかったのだ。

しかし、これ以上、人民解放軍内で、高級幹部を巻き込んだ大規模な粛清が行われることはない。手打ちが終わったからだ。二〇一四年の全人代の習近平主席と人民解放軍代表たちとの会合の中で、一七名の将軍が習近平に忠誠を示した。

さらに、二〇一四年四月二日の『解放軍報』は、人民解放軍の各軍、各大軍区、四総部の、一八名の指導者たちが、習近平に対する忠誠文を掲載している。

江沢民派の象徴的な人物である徐才厚を叩いて、それを他の軍指導者に見せつけ、これ以上、軍に手を出さない代わりに、習近平に忠誠を誓わせたのだ。これこそ、中国らしい「手打ち」である。また、徐才厚は中央軍事委員会副主席に就任する以前は、人民解放軍総政治部のトップである主任であった。総政治部は、中国共産党の政治思想を人民解放軍全てに徹底させる部門の総本山である。そして、総政治部はまた、人民解放軍将校全ての人事に関与している。

人民解放軍将校の人事を掌握していた徐才厚を粛清し、習近平に忠誠を誓う人物を据えるということは、習近平が人民解放軍将校の人事を掌握することを意味している。習近平の軍の掌握の度合いはさらに強くなったと考えられる。

日本では、中国の権力闘争を見る際に、太子党、共青団、上海閥という単純なグループ分けをすることが多いが、実際にはそんなに単純なものではない。実際には、その時々の利害関係によって、協力する相手は変わるのだ。

壮大な予算の無駄遣い

中国の国防予算は、毎年一〇パーセント以上の伸びを見せ、日本でも中国の軍事力増強に対する懸念が叫ばれるなど、常に話題になっている。確かに、装備品の近代化など、中国の軍事力は急速に増強されている。

しかし、実際には、国防予算の何パーセントが適正に使用されているのかは不明なのだ。国防予算の多くの部分が、各級指揮官の懐に消えているからである。

人民解放軍に限ったことではないが、中国では、予算の多くが適正に使用されてこなかった。最も簡単な方法は、予算の一部を着服することである。予算にはもちろん使用の目的があるが、実際にその目的のために使用されるのはその一部なのだ。甚だしい例では、適正な目的のために使用されるのが、予算の一〇パーセント程度であることもある。適正な目的のために使用された一〇パーセント以外の、残りの九〇パーセントは部署の中で分配される。

もちろん、指導者が大部分を着服するだろうが、一人で着服すると、部署の他の人間たちに不満が出る。それでは、指導者は自分の悪事を暴露されかねない。それならば、小額ではあっても、部署全員に分配すれば、全員が共犯になる。こうすることで、部署の中での口止めにもなる。さらに、分配するまでに時間をかける。中央から調査や問い合わせがあったときに備えて、しばらくの間はそのまま寝かせて置く必要があるからだという。

中央から調査があって、実施済みの事業があまりに小規模であると問題視され、追加の事業を展開する必要が生じても、残りの予算には手を付けていないので、また一部を使用して事業を進めればよい。

一般的に、中央の様子を見るのは数年だという。二、三年たって、中央から何も言ってこなければ、「もう大丈夫」とばかりに、皆で金を分け合うのだ。中央が抱えている問題は非常に多い。

一度分配した予算の執行の全てを監視するのは難しいのかも知れない。中国には、有効に機能する会計検査制度がないのだ。

また、単純に予算の一部を着服するだけではなく、その予算の一部を運用してさらに利益を得るという方法もとられている。しかし、このように利益を拡大できる部署は限られている。その部署が何に対して権限を有しているかによるのだ。

過去、中国の各省庁や地方政府の部門は、それぞれに「小金庫」という予算以外に使用できる金を持っていた。学生たちは、就職先するときに、この「小金庫」の大きさ、すなわち、正規予算以外に持っている金の大きさによって、希望する就職先を決めていた。

人民解放軍の中でも、予算が適正に使用されていないと思われる事象が散見される。例えば、二〇〇〇年代半ば、中国でもＩＴ化が進んでいた。人民解放軍も、軍の「信息化」、すなわちＩＴ化を進めていた。機械化と情報化・ＩＴ化を同時に進めていたのだ。

人民解放軍は、ＩＴインフラを整備し、ネットワークを構築することに熱心だった。こうした状況下で、ある末端部隊が自らの努力によって基地内にイントラ・ネットを構築し、軍のネットワークに接続したという「美談」が報道された。日本円で、数千万円の費用がかかったという。

しかし、この話には首を傾げざるを得ない。「自らの努力」とは何なのかということだ。正規予算でない数千万円は一体どこから捻出されたのだろうか。数千万円というのは、常識的に考えても、末端部隊が簡単に捻出できる金額ではないのだ。

ところで、部門ごとに、着服できる金額に差ができるのであるが、中国で最も大きな利益を得

図表8　中国人民解放軍の機構図

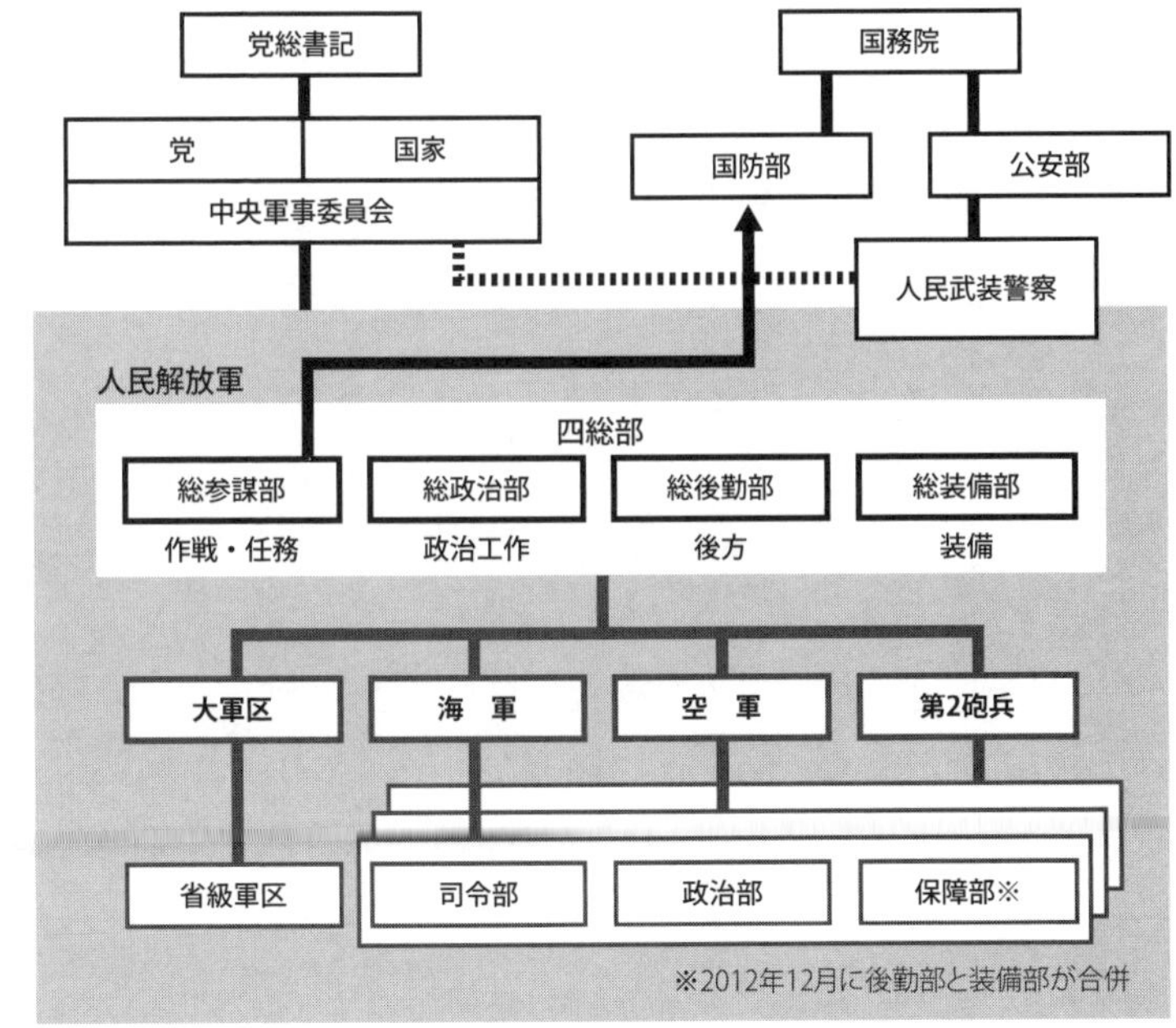

（出典）著者作成。

られるのは不動産である。退役後、しばらく不動産を転がして、金ができてからビジネスを始めるという退役した軍の将軍たちもいた。

　そして、人民解放軍の中でも不動産を扱う部門がある。後勤部である。後勤部は、基地や軍人の住宅の整備を担当する部門だ。巨額汚職容疑で軍事法院に起訴された谷俊山は、総後勤部副部長だった。

　総後勤部は、中央軍事委員会の下にある四総部の一つで、各軍種・大軍区の後勤部の総本山だ。ちなみに、四総部とは、人民解放軍内の政治思想や人事を司る総政治部、作戦や訓練・演習・任務行動を統制する総参謀部、ロジスティックスを統括する総後勤部、装備品にかかわる管理を担当する総装備部である。

谷俊山は、不動産に絡む業務を統括する総後勤部の副部長という立場を利用して、違法に巨額の富を得たのだ。

中国の不動産開発は、その速度が異常に速いだけでなく、開発の中身にも驚くべきものがある。まず、大規模な不動産開発を組織できるのは、政治的に影響力を持つ者だけである。土地を利用するための許可を得なければならないからだ。党や軍の高級幹部およびその家族などが圧倒的に有利だということである。彼らは、地方政府などに働きかけて極めて安い価格で土地を購入する。実際には、中国では全ての土地が国有地であるので、利用権を買うということだ。

また、二〇〇〇年代前半、中国では、農村から出稼ぎに出て来て建築現場で働く「民工」に対する賃金の不払いが社会問題になっていた。建築業者が働かせるだけ働かせて、賃金を払わないのだ。その分は、もちろん、建築業者の懐に入る。

北京でも、民工たちが春節（中国の正月）になっても実家に戻ることができなかった。当時、私たちは、春節前にはよく「当たり屋に気をつけろ」と言っていた。車から降りる際にも、ドアを開ける前に、バックミラーで後方を確認しないといけない。ドアを開けた途端に、後方から自転車で突っ込んでくるという当たり屋もいるからだ。

彼らがドライバーから巻き上げるのは大した額ではない。実家に戻る金ができれば良いのだ。こうした社会問題に対して、中央政府は、賃金を受け取れなかった民工たちに、建築業者の肩代わりをして賃金を支払った。

当時、中央政府から金をもらって喜ぶ民工たちの写真が新聞の紙面におどった。しかし、支払われた賃金は税金であり、本来は別の目的で使用されるはずだったものだ。これが美談として扱われていたことには、首を傾げざるを得なかった。

また、高級マンションなどを建築した場合、便宜を図ってもらった地方政府の指導者や世話になっている組織などに、複数のフロアを献上するといったことも行われていた。部屋を献上された地方の指導者たちは、これらの部屋を愛人や部下に与えて自らの求心力を高めていたのだ。

しかし、これは、残りの部屋の販売などで元を取らなければならないということを意味する。自ずと、部屋の価格は高く設定されることになる。新築のマンションであっても、空きが目立ったのは、部屋の価格が高くなり過ぎたという背景がある。また、不動産開発自体が金になるということもあって、マンションなどの建設が過熱し、供給が過剰になったことも原因の一つだ。

ところが、不動産開発をしていた者たちは、部屋が売れないことを気にしていなかった。マンションの建築自体で十分利益を得られたからだという。しかし、部屋が売れないということは、銀行が拠出した資金を回収できないということであり、返済されなければ、銀行が巨額の不良債権を抱えることを意味する。

こうした事象が頻発していたのだ。ブラックホールのように見える中国経済であっても、限界はある。習近平指導部が危機感を抱くのは無理からぬことだ。

人民解放軍では、先に述べたように後勤部が軍の用地にかかわる不動産開発を行っている。二〇〇四年当時、人民解放軍では、下士官の住居が不足していることが問題になっていた。人民解放軍機関紙である『解放軍報』は、当時、「下士官住宅は下士官に」という記事を掲載している。

下士官住宅が幹部に占有されるなどの理由によって、下士官が下士官住宅に住むことができないというのだ。ある軍区では、「下士官住宅管理規則」を定めて、申請要領を厳格にして幹部の下士官住宅不正使用を防止し、適正に使用されているかどうかの検査も実施することにした、という「美談」が報じられている。

下士官住宅の不足を解消するために、予算を注ぎ込んで住宅を建設しても、適正に使用されないのでは、その予算は無駄遣いされたに過ぎない。その予算を使って幹部たちが良い思いをする、ということだ。その不適切な使用の内容は、報道では「幹部による占住」の一言で済まされているが、自分の住宅を保有しているであろう幹部が何のために新しい部屋を必要とするのかを考えると、不適切な行動も想像できる。

いずれにしても、下士官住宅建設のために使用されたはずの予算は、別の目的に使用されたことに他ならない。結果として、下士官住宅不足の問題は解決されないことになる。実際、二〇一四年になっても、下士官住宅不足の問題は解決していないようだ。

現在に至っても、下士官が下士官住宅に入れず、ある部隊が豪華な下士官住宅を建設し、下士官たちが喜んだという「美談」が報じられているのだ。

そして、こうした予算の無駄遣いは、桁は違っても、人民解放軍の各地域、各レベル、各分野で行われている。巨額の国防予算のうち、何割が幹部たちの懐に消えているのだろうか。中国は、軍内の腐敗を根絶することができれば、国防予算を増額しなくとも、実質的には二倍以上の予算を獲得したのと同等の効果が得られるかも知れない。

習近平主席が進める「反腐敗」が成功すれば、人民解放軍は予算を適切に使用できるようになる。効率的に装備品などが調達できるようになり、能力を飛躍的に向上させることになると考えられる。

国際化する中国海軍のリムパック参加

海洋進出に力を入れる海軍の状況はどうなのだろうか？

二〇一四年七月、中国海軍の艦艇四隻、ヘリコプター二機、人員一一〇〇人強の兵力が、米国ハワイ沖合に現れた。国際海上軍事演習「環太平洋合同演習（リムパック）」に参加するためだ。中国海軍として初の参加である。

中国海軍の参加艦艇は、「旅洋Ⅱ」級／052C型駆逐艦「171海口」、「江凱Ⅱ」級／054A型フリゲート「575岳陽」、補給艦「886千島湖」、920型病院船「866岱山島」である。初参加にしては、堂々たる陣容だ。また、環太平洋諸国の協力関係を促進するという演習の主旨に沿って、病院船も派遣している。

実は、二〇一〇年に「非伝統的安全保障における国際協力」について中国側と意見交換した際に、中国側に病院船の利用について提案したことがある。その際、中国人民解放軍研究者の反応は、「病院船はあくまで中国海軍の艦艇であり、人民解放軍に対する医療行為以外の活動は考えられない」というものだった。

しかし、その直後から中国海軍は考えを変え、病院船を、他国で生起した災害に対する国際的な災害救難活動にも使用する方針に転じた。二〇一三年一一月にフィリピンを巨大な台風が襲った際にも、中国海軍は病院船を派遣している。

「866岱山島」という正式な艦名がありながら、中国メディアがわざわざ「和平方舟」という呼称で報道するのは、国際協力の態度を示す上で、病院船の活動が効果的に国際社会にアピールすることを理解しているからに他ならない。

リムパックへの病院船の派遣は、中国のこうした意図を国際社会に示すためでもある。現在、国際法の適用を受ける専用病院船を運用している海軍は米中ロ三カ国のみだ。この意味で、中国は「病院船」という強みを最大限利用していると言える。

ただし、問題もある。中国の「病院船」の実際の活動が必ずしも効果的でないことだ。救難に駆けつけるのはスピード勝負である。早く現場に到着して救難活動を開始すれば救難活動が成果を上げる可能性は高くなる。

米海軍の対応の早さは群を抜いている。ARG（両用即応グループ）が、海兵隊と物資を搭載した状態で常に待機していることも理由の一つだ。フィリピンの巨大台風による災害の際も、米国の対応は極めて早かった。

日本も努力したが、米国に及ばない。しかし、それよりもはるかに遅かったのが中国海軍の病院船派遣だった。こうした各国海軍の救難活動は、被災国のみならず、世界中が注目している。即応態勢と意図がわかるからだ。中国海軍の活動開始の遅延は、中国海軍の即応態勢の低さ、あるいは、他国に対する救難活動を真剣に実施する意図がないことのどちらかを示すものである。

日米では、中国は当初、領土紛争を抱えるフィリピンを助けるつもりがなかったと言われることが多いが、もしそうだとしたら、中国は国際社会の笑い者である。それこそ、国際協力というのは表面的な取り繕いだけで、真意は別にあると言われても仕方ないだろう。

ただし、これはあくまで憶測に過ぎない。中国の「能力」と「意図」を理解するためには、合同演習はうってつけの場であった。

しかし、米国の報道によれば、中国海軍のリムパック参加については、「中国政府が、中国海軍艦艇が日本の指揮下に入るのを受け入れるのか」「中国艦艇が模擬標的を射撃しても米国国内法に抵触しないのか」といった政治的、法律的なさまざまな問題があったという。

そのため、演習前に、米中などの参加国や米国防総省の法務担当者の間で、種々の議論が戦わされた。米国には、中国軍との協力を禁じる「二〇〇〇年国防権限法」などもあり、米国内だけでも解決しなければならない法的問題が存在していた。

また、政治的問題に関して言えば、中国との間で領土紛争を抱える日本やフィリピンが以前からリムパックに参加しているため、中国が参加することによるこれら参加国の反応も考慮しなければならなかった。

そもそもリムパックとは、一九七一年に米国が、同盟国が旧ソ連に対抗するのを支援するために開始した演習である。米国と同盟国が敵に対抗する演習に、冷戦後、米国の同盟国を脅かしている当の中国を参加させるとは何事だ、という訳だ。

それでも、米海軍は中国海軍を招待することを止めなかった。中国を協力の輪に取り込む必要性とともに、実際に、中国のオペレーションや態度を見たいという思惑もあっただろう。

リムパック２０１４を見ていた米海軍軍人は、「中国海軍は、全体として、他の海軍と同様に行動していて、おかしいと感じることはなかった」と話してくれた。

中国海軍が派遣していた病院船のツアーも行われた。ツアーに参加した米海軍の軍人たちは、どうせ中国側は何も見せたがらないのだろうと思っていたが、基本的には全ての設備が公開されて驚いたという。

しかし、米海軍がそれより驚いたのは、米側からの質問に対して、中国側がほとんど全て回答したことだったと述べている。搭載レーダーの諸元、搭載している武器、ベッド数、実施可能な手術などについて、何かを隠そうとする様子もなく、丁寧に説明がなされた。

反対に、中国海軍側が米艦艇を視察に来た際には、「秘」にかかわる質問を矢継ぎ早にしてきたので、対応した米海軍将校は、「それは『秘』にかかわるので答えられない」と対応せざるを得なかったが、「これでは米中が逆ではないか」と思えて滑稽だったと笑った。

また、中国海軍艦艇の水兵たちが米艦艇に少しの時間滞在する機会があったが、米艦艇の乗員たちと和気藹々と過ごしていたことも新鮮な驚きだったという。以前であれば、中国の軍人が外国の軍人と接するときには、身構えて緊張していた。馬鹿にされまいという雰囲気も感じられた。

しかし、いまや中国海軍は自信をつけつつある。

こうした状況は、訓練の中でも見られたという。米中両海軍混合で、数名ずつのチームを組んで訓練する機会があったが、チーム内の雰囲気は良好だった。誰かが冗談を言うと皆が笑い、中国海軍側もリラックスした雰囲気で訓練に参加していたのだ。

米海軍は、こうした中国海軍の積極的な交流姿勢は、相互理解のための最初の、しかし大きな一歩であると認識している。

しかし、一方で、マナー違反もあった。情報収集船の派遣である。艦艇が、海外の港に入ったり、合同演習に参加したりする際に、併せて情報収集するのは各国海軍の常識だ。しかし、情報収集船を派遣して情報収集するのは、守るべき一線を越えている。普通は、情報員を訓練参加艦艇に乗り込ませて目立たないように情報収集するのだ。

中国にしてみれば、各国海軍の艦艇が集まって訓練をするので、まとめて電波情報などを収集するには好都合だと思ったのだろうが、情報収集船を派遣するのはあまりにもあからさまだ。中国海軍は、そうした部分でまだマナーを知らない。合同演習への参加などを通じて、中国海軍が海軍のマナーを学んでいくことを、米海軍をはじめ、各国海軍が望んでいる。

米海軍は、「中国海軍は次回のリムパックには、さらに多数の艦艇を派遣するだろう」と見ている。中国海軍は、各国海軍と交流し国際化を進めることで、統制がとれた組織にもなっていくだろう。しかし、人民解放軍全てが、中国海軍のように国際化を進め、統制がとれるようになっている訳ではない。

勢いづく空軍に蔓延する危険な雰囲気

中国の海洋進出と同じく、日本や米国が不信感を募らせているのが、中国空軍の危険な行動である。一体、中国空軍に何が起きているのだろうか？

二〇一四年五月二四日、東シナ海の日中中間線付近で、監視飛行中の海上自衛隊の画像情報収集機ＯＰ‐３Ｃと航空自衛隊の電子測定機ＹＳ‐１１ＥＢに対して、中国空軍戦闘機ＳＵ‐27が相次いで異常接近した。一時、海上自衛隊機に五〇メートル、航空自衛隊機に三〇メートルまで接近したという。

小野寺五典防衛大臣（当時）は、翌日の二五日午前、この異常接近について、「常軌を逸した近接行動だ」と批判した。しかし、一方で小野寺大臣は、「日中の防衛当局間で、海上での安全確保について話し合うことは重要で、不測の事態を回避するためにも、海上連絡メカニズムの早期の運用開始を目指して、中国側に働きかけていく」とも述べている。

一方的に中国を非難するのではなく、併せて、不測の事態を回避する手段を構築する必要性を中国に投げかけた形だ。現場のオペレーションを理解する両国の制服間の対話がますます必要とされていることは間違いない。

しかし、これに対する中国の反応は、中国が二〇一二年以前に戻ったかのような印象を与える。中国国防省の耿雁生報道官が二九日の記者会見で、「日本が危険な接近をし、我々の正常な飛行活動を妨害している」と反論したのだ。異常接近については、肯定も否定もしなかった。

これは、二〇一三年一月一九日の、中国海軍艦艇が海上自衛隊艦艇に対してFCレーダー（火器管制レーダー）を照射した事案に関する中国国防部の発言と全く異なる。

この事案について、中国国防部は、中国艦艇によるFCレーダーの使用を否定した。その上で、日本が事案をねつ造して国際社会における中国のイメージを悪化させようとしたと述べた。

この文脈は、FCレーダー照射が国際的常識から外れた行為であると中国指導部が認めたことに他ならない。自ら、国際社会において非難されるべき行為だと述べた以上、今後、中国海軍はFCレーダーを威嚇に使用することはできない。

実際に、それ以降、中国海軍はFCレーダーを海上自衛隊艦艇に対して照射することはなかった。さらに、二〇一四年四月二二日に中国の青島で開催されたWPNS（西太平洋海軍シンポジウム）において、海上で他国艦艇と予期せず遭遇した場合の行動を定めた「海上衝突回避規範（CUES）」が合意された。

この規範は、偶発的な衝突を防ぐため、遭遇した外国軍艦艇や航空機に、攻撃する際に照射する火器管制レーダーを照射したりすべきでないと明記し、遭遇した艦艇のそばで、航空機が挑発的に飛行することも止めるべきだとした。

中国主催の会議の場で合意したことだ。万が一、中国海軍が再度FCレーダーを自衛隊艦艇に照射するようなことがあれば、自分たちのボスである中国海軍司令員の顔に泥を塗るだけでなく、中国人民解放軍は全く統制がとれていない軍隊であるとして、国際社会の笑いものになってしまうだろう。

二〇一四年五月には、中国海軍艦艇が海上自衛隊艦艇にＦＣレーダーを照射した可能性があると報じられた。もし、中国海軍艦艇が実際にＦＣレーダーを照射したのであれば、中国海軍内に、海軍司令員に抵抗する動きがあるか、統制が十分にとれておらず、空軍の「蛮勇」に引きずられた、程度の低い艦長が未だ存在するということだ。

一方の、中国空軍機の異常接近について、中国側はその行動を否定せず、自衛隊機が偵察・監視行動を行ったからだと、日本非難を展開した。「やったけれど、それは相手が悪いからだ」という旧来の理屈では、今後もこうした危険な行為を繰返す可能性があることになってしまう。

耿雁生報道官は、二〇一三年一一月に自衛隊機が中国軍機に「一〇メートル前後」まで接近したと主張する。中国が東シナ海における防空識別圏の設定を公表した二〇一三年一一月二三日、防空識別圏内をパトロール中の中国空軍の偵察機Ｙ－８に対し、航空自衛隊の戦闘機Ｆ－15が二機で追跡監視した際に起きたという。

しかし、耿報道官は、「やった」とも言わなかった。中国指導部は、「やった」と言いたくなかったのだ。中国指導部は、戦闘機の異常接近が非常識で危険なことを理解している。「やった」と言えば、国際社会から批判されることもわかっているのだ。

一方で、「やってない」と言えなかったのは、中国空軍が異常接近を繰り返すことがわかっていたからだ。現在、中国指導部は、強く空軍を抑え込むことは危険だと認識している。ここに、中国指導部の苦悩が垣間見える。結果として、中国空軍が「やった」とも「やってない」とも言わず、「日本が危険な飛行をしている」と非難するだけの中途半端な反論になっている。

ところで、耿報道官が言及した「一〇メートル」という距離は、故意に近接する距離としては現実的ではない。ただ、中国空軍機が接近した距離よりも短い距離を示したかっただけなのだろう。この発言は、子どもの喧嘩のようであるばかりでなく、実際の航空機の操縦を知らない者の発言としか思えない。

中国空軍機が接近した三〇メートルというのは、機種によって異なるものの、軍用機がタイト・フォーメーションを組んで編隊飛行する際の機体間隔と大差はない。

フォーメーションを組む際には、リーダー機および列機全てが編隊を組む意図を持って飛行している。それでも、若いパイロットが初めてフォーメーション訓練を実施するときには、近接する機体があまりに近く感じるので、なかなか正しいポジションにつくことができないことも多い。

しかも、フォーメーションを組む際には、機体間で高度差を設ける。何かあって不意に機体同士が近接しても、高度差があれば衝突しないからだ。

それほど、飛行中の航空機は不安定なのである。気流の影響で機体は簡単に動揺する。フォーメーションを組んでいる間、列機はリーダー機に対して正しい位置を保つことに神経を集中する。リーダー機は列機および編隊全てのことを常に気遣いながら飛ぶ。旋回する際も、通常旋回時に使用するバンクより小さくし、スムーズな動きを心がけるのだ。

しかし、中国空軍機の異常接近はフォーメーションではない。この距離まで近接すること自体、常軌を逸した行動であると言える。機体が少し動揺するだけで衝突する危険性があるのだ。

さらに、通常、異機種間でフォーメーションを組むことはしない。機種によって、飛行特性が異なるからだ。特に戦闘機は高速で飛行するよう設計されており、低速では機体が不安定になる。コントロールが効かなくなるのだ。一方の情報収集機などは、低速でも安定して飛行できるよう設計されている。

それにも増して危険なのは、中国空軍のパイロットの技量が低いことだ。中国空軍は、その予算を抑制されていたとはいえ、比較的新しい戦闘機を数多く配備してきた。装備品の配備に、パイロットの養成が追いついていないのである。

技量の低いパイロットが、自らが操縦する機体の限界も知らず、自らがコントロールできる範囲も理解しないで危険な異常接近飛行をすれば、コントロールを失って相手航空機と接触、衝突する可能性がある。そして、全くそのとおりの事象が過去に起きているのだ。

二〇〇一年四月に米海軍の電子情報収集機に中国軍戦闘機が衝突した。その結果、中国軍戦闘機は墜落してパイロットは死亡し、米海軍機は海南島に不時着した。当初、江沢民主席（当時）は、米国に対して穏健な態度で協議に臨もうとしていた。

しかし、人民解放軍の機関紙である『解放軍報』が、紙上で死亡したパイロットの英雄キャンペーンを繰り広げると、その圧力を受けて、江沢民は対米強硬路線に舵を切ったのだ。このとき、海南島に赴き、搭乗員および機体の返還交渉に当たった当時の米海軍武官は、当時の非常に厳しい中国人民解放軍側の対応を聞かせてくれた。

危険な異常近接飛行をしたのは衝突事案を起こしたフライトだけではない。実は、この衝突以前にも、中国軍戦闘機が異常に近い距離で米軍機の速度に合わせて飛行しようとして、機体が不安定になる状況が繰り返されていたのだ。

繰り返し異常接近したのは、同一のパイロットだった。衝突して墜落死したパイロットである。米海軍内では、彼は危険なパイロットとして有名だったという。しかし、一人のパイロットであっても、このような危険な飛行を許すこと自体、中国空軍にも責任があると言える。

コントロールを失うような状態で飛行することは、中国空軍のパイロットの技量が極めて低いことを示している。米海軍は、こうした中国軍機の極めて危険な飛行をビデオで記録している。

一方で、米国と中国は、この衝突事案以降、MMCA（軍事海洋協議協定）に基づく海軍中佐／少佐クラスのワークショップを強化し、技術的に衝突を回避するための議論を発展させてきた。危機が生じれば、これを回避するための努力をしなければならないのだ。

しかし、最近の中国の東シナ海および南シナ海における活動は、米国の態度を硬化させている。米国のヘーゲル国防長官は、二〇一四年五月三一日、シンガポールで開かれたアジア安全保障会議で、中国の東シナ海および南シナ海における行動を批判した。

その上で、一方的に防空識別圏を設定したと宣言したことを米国は認めていないと牽制したのだ。この米国の態度は、二〇一三年一二月当時のものとは全く異なる。当時の米国は、「防空識別圏の設定自体は問題がない」という立場であった。

さらに、米国はアジアの同盟国・友好国への関与を続けると強調した。「米国のアジアへの関与」は、中国が最も避けたい状況だ。中国空軍機の非常識な行動は、米国の中国に対する態度を硬化させ、アジアへの関与を強めさせる、正にオウン・ゴールであると言える。

なぜいま、中国空軍はこのような非常識な行動をとったのだろうか？　一つには、中国空軍に国際的な常識に触れる経験が不足していることが挙げられる。

一方で、中国海軍のマナーは、徐々にではあるが、国際的な常識に沿ったものになりつつある。二〇一三年一二月一九日、ヘーゲル米国防長官は、中国艦が米艦の一〇〇ヤード（約九一メートル）前方で進路に割り込んだことを明らかにした。

このとき、米海軍のイージス巡洋艦「カウペンス」は、中国艦との衝突を防ぐために緊急回避をしている。同長官は、国防総省での記者会見で、同月五日に南シナ海の公海上で米艦艇に異常接近した中国艦艇を「無益で無責任だ」と批判した。

中国艦艇の針路割り込みは、非難されるべき危険な運動である。しかし、このとき、中国艦艇から無線による呼びかけが行われたと聞く。米海軍には、「これまで中国海軍から無線の呼びかけが行われたことはなく、大きな進歩だ」という声もある。無線交信は、誤解とそれに基づく不測の事態を回避する第一歩なのだ。

海軍は、外国海軍との交流の機会も多く、海賊対処活動など、海外での活動の場も与えられている。さらに、中国海軍は、二〇〇〇年代初めには「真の海軍」になる努力を始めている。現海軍司令員の呉勝利上将は、南海艦隊司令員だった当時、「海軍は唯一の国際軍種である」と述べている。

しかし、中国空軍は、こうした意識が低い。極少数ではあっても、素養も技量も低いパイロットが偏狭な愛国心に基づいて蛮勇を振るうと、これを抑えられない可能性が高い。「愛国主義的行為」だとされれば、これを空軍内で罰することすら難しいかも知れない。

現在、中国空軍が調子に乗って蛮勇を振るうのには、もう一つの理由が関係している。中国指導部の支持である。ここ数年、中国空軍内部には不満が溜まっていた。予算配分を含め、空軍が不当に抑え込まれていると考えていたのだ。

中国も無限に国防予算がある訳ではない。二〇〇〇年代に入ってから厚い予算手当てを受けているのは海軍である。空母「遼寧」の修復だけで相当な予算をつぎ込んだであろう。設計図もなしに、大量の技術者たちが長い年月をかけて、試行錯誤を重ねて完成させたのだ。

さらに、複数の空母を建造中であり、空母を運用するための海軍基地の整備も進めている。海軍艦艇が艦隊で入港する施設は、単に桟橋を建設すれば良いというものではない。大型艦艇が接舷するためには、水深を確保するための浚渫工事が必要である。現在の艦艇の多くが、大きなソーナーを装備しているからだ。

また、効率良く、燃料、水、弾薬、生糧品などが搭載できる必要もある。洋上で行動する艦艇にとって真水は貴重であり、艦艇は行動中、燃料だけでなく真水の残量も常に注意している。真水の搭載量も艦艇の行動を制限するのだ。そして、通常の給水施設では、真水の搭載に時間がかかりすぎる。時には、給水用の船舶から給水する方が、効率が良いことがあるほどだ。

さらに電気である。接岸中の艦艇は、発電機を止めて陸電（陸上施設からの電力供給）をとることも多いが、供給される電気は少しの電圧の変化も許されない。現在の艦艇は、コンピュータと精密機器の塊であり、ちょっとした電圧の変化でも故障してしまうのだ。

家庭に供給される電気は、艦艇ではそのまま使用できない。このため、艦艇には高性能な発電機を搭載している。入港する港によっては、陸電をとらず、艦艇搭載の発電機を回して電気を供給することもある。陸電も特殊なものにしなければならないのだ。艦隊を運用するとなると、大規模な施設・設備が必要になる。

中国は、さらに、駆逐艦、フリゲート、コルベットなどを大量に建造している。また、中国海軍は、艦隊の機動運用・艦隊間の統合運用を進める努力の途上にあるが、統合運用の前提になるのは指揮・情報ネットワークである。これは、中国人民解放軍が最も弱い部分でもあり、中国海軍は大規模に指揮・情報システムおよびネットワークを開発・構築していると考えられる。

また、航海の長期化に伴う、整備・補給にかかわる方式、施設などにも大幅な改良が加えられている。海軍艦艇の運用には、手間も費用もかかるものなのだ。

一方の空軍の状況はどうなのだろうか?

二〇一二年末の時点で、空軍にはすでに数年間にわたって不満が溜まっていると言われていた。中国では、慎重にバランスを考えて人事が行われる。人民解放軍の人事も海軍、空軍および第二砲兵、そして海空軍と並列である七大軍区のバランスをとって人事が行われてきたことを考えると、不満の理由は別にあると考えられる。それは予算に関係するものだ。

中国は、中国が第五世代と主張するJ-20およびJ-31と呼ばれるステルス機を開発しており、それぞれ飛行試験を繰返している。中国は、J-20ステルス機をゲーツ米国防長官訪中に、J-

31ステルス機をパネッタ国防長官訪中に合わせて存在を明らかにしている。

特に、J-31に関しては、国家プロジェクトではなく、国営企業が自主開発したと言われる。予算がついていなかったのだ。一般に、米国防長官訪中時に姿を見せたのは、米国に対する挑発行為であると言われるが、中国では、プレッシャーを受けたのは中国指導部だという認識を聞くことが多かった。

米国防長官訪中時に存在を明らかにすることによって、「米国に対する挑発だ」と言われることを計算して、中国指導部に圧力をかけたのだ。

その後、J-31は国家プロジェクトとして認められた。予算がついたのだ。そして、J-20でもJ-31でも解決できていない課題である、高性能航空エンジンの開発にも予算がつき始めた。それでも、空軍には、十分な予算ではないと認識されていたのである。

習近平主席は、二〇一二年一一月、空軍司令員であった許其亮上将を中央軍事委員会副主席に抜擢した。しかし、空軍重視にも見えるこの人事について、海軍から不満の声は聞こえてこない。海軍は、すでに他の部分で優遇措置を受けていたからだと考えられる。一方で、空軍司令員の中央軍事委員会副主席抜擢は、空軍をなだめるためだけのものではない。

許其亮上将はリーダーシップの強い指導者であると言われる。習近平主席は、不満がたまった空軍の中に強いリーダーシップを置いておくことに危機感を持ったのだ。そのため、許其亮上将を空軍の中から引っ張り出し、中央に取り込んだとも言えるのである。

状況が変わったのは、二〇一三年後半である。一一月の防空識別圏設定の宣言も、本来は、中国の目標を「日中開戦」から「国際社会における地位の調整」にすり替えて米国を相手とし、中国国内の対日強硬派の勢いを削ぐことを狙ったものであるが、一方で、空軍に存在感を示す格好の口実を与えることにもなった。

また、二〇一四年の全国人民代表大会（全人代）では空軍が元気だった。記者のぶら下がり取材に対して、威勢の良いことをまくし立てたのだ。これまで見られなかった光景である。翌日は、さすがに品のない態度を注意されたのか、発言を控えていた。

さらに、習主席は二〇一四年四月、空軍関係者と会談し、「中国空軍は空中と宇宙空間の作戦における力を強化すべきだ」と語った。中国メディアも同一五日、習主席の言葉を取り上げ、「中国の安全と軍事戦略は空軍にかかっており、人民空軍は攻撃と防衛をともに強化すべきだ」と報じている。

中国指導者が、公に空軍の増強を保証したのだ。これまで、海軍重視の陰で押さえつけられてきた空軍が、ようやく日の目を見る、といきり立つのも無理はない。中国空軍の中には、危険な挑発的行為を助長する雰囲気があるのだ。

決して中国空軍のパイロット全員が蛮勇を奮う訳ではない。しかし、雰囲気に押されて自己顕示欲に駆られた「偽英雄」を表立って罰することもできないのでは、同様の行為が繰り返されることになる。

これに、ロシアの軍事協力という後押しも加わった。現在のところ、国際的な常識を知らず、これから存在感を示すのだと考える空軍に、行動を自制する要素はない。

習主席が空軍重視の方針を表明した以上、空軍の装備も増強されるだろう。中国空軍の非常識な行動が中国の品位を落とすことになっても、現段階で、中国指導部が空軍の行動を制御するのは難しい。再度、空軍の不満を高めることになりかねないからだ。

中国空軍が自制できる要素がない現状では、中国空軍の危険な行動は繰り返される可能性が高い。すでに二〇一四年六月一一日には、中国空軍のSU－27戦闘機が、再度、海上自衛隊のOP－3Cと航空自衛隊のYS－11EBに異常接近した。

中国指導部の心配を、中国空軍自ら証明した格好である。中国国防部は、二回目の異常接近飛行後に、日本の自衛隊側が危険な飛行をしている証拠として、航空自衛隊F－15戦闘機の飛行が記録された動画を公表した。

しかし、動画に写っていた航空自衛隊機は、明らかに距離をとっていた。この動画を、航空自衛隊機異常接近の証拠とするのであれば、恥の上塗りということになってしまう。

戦闘のためのネットワーク構築

習近平主席が、このような中国空軍の強化を進めようとしているのは、ただ単に空軍をなだめるためだけではない。空軍を強化すべき理由があるのだ。

二〇一四年八月二六日の中国中央電視台は、「和平使命2014」合同演習について繰り返し報道していた。「和平使命」は、上海協力機構の合同演習であり、反テロ作戦の演練に主眼を置くものだ。この演習は、八月二四日から二九日の間、内モンゴル自治区において実施されている。参加国は、中国、ロシア、キルギスタン、タジキスタンである。

報道の中で強調されていたのが、中国空軍の「察打一体無人機」が初めて演習に参加したことである。「察打一体無人機」とは、偵察も攻撃も可能な多目的無人機として開発された「翼龍」ではないかと思われる。「翼龍」の外観は米軍のMQ-9リーパーに似ているが、一回り小さく、高度や航続距離といった性能もはるかに及ばない。

報道は、「某型無人機」が、敵の指揮車を捜索し、正確に攻撃・破壊したとしている。また、今ではニュース番組で見慣れた映像も流された。中心に十字のマークがついたモニター画面の中で、発射したミサイルが車両に命中し爆発する映像だ。

「翼龍」が実戦において攻撃任務が実施できることをアピールしたかったのだろう。中国は「翼龍」を海外に輸出することも視野に入れているからだ。性能は劣っても、価格はリーパーの三〇分の一程度であると言われる。高価な米軍の無人機を購入できない国々にとっては魅力的な選択になり得る。

一方で、ロシアを除く海外の複数の分析によれば、中国の無人機技術は、米国やイスラエルの技術のコピーであるとされる。無人機に関しては、米国とイスラエルの技術および運用経験が群を抜いているのだ。

中でも、中国の弱点とされるのが、無人機を操縦し、捜索機器の操作や攻撃などの指令を伝達し、あるいは無人機が収集した情報を伝達するための指揮通信システムである。

米国の無人機は、電波到達圏内に存在するときはデータ・リンクを用いて通信を行うが、電波到達圏外に出た後は衛星を通じて通信を行う。

報道だけでは、中国がどのような通信手段を用いたのかは明らかではないが、少なくとも無人機のコントロールはできることを示したことになる。

報道はまた、無人機の運用によって軍人の死傷者をなくすことができるとしている。しかし、戦闘においては、人員が地域を占拠しなければ、最終的に勝利したとは言えない。

もちろん、戦闘の目的にもよって空爆だけというオペレーションもあるが、陸上戦闘の意義がなくなることはない。

では、中国は無人機をどのような場面で使用することを想定しているのだろうか？　今回の合同演習は、対テロ作戦を想定したものであるから、中国内陸部や中央アジアにおける情報収集、偵察や限定的な空爆を念頭に置いたものだろう。

一方で、中国では、陸上自衛隊の総合火力演習の様子も報道されている。陸上自衛隊が島嶼防衛・奪還を想定した演習を実施したことに対して、敏感に反応しているのだ。総合火力演習で島嶼防衛・奪還が演練されるのは、日本が軍事的にも政治的にも大きな転換点にあることを意味していると、警鐘を鳴らしている。

中国は、尖閣諸島周辺での軍事行動における無人機の運用も考慮するだろう。現有の無人機運用は運用高度などの問題で簡単に撃墜される可能性が高いため、新型のステルス無人機の開発も進めている。

米海軍が二〇一三年に空母での発着艦に成功したX-47Bと同様の全翼型無人機である。尻尾のないエイを想像すればわかりやすい。

相変わらずジェット・エンジンの開発には苦労しているようで、機体にフィットしていないが、全体として技術の進歩は目覚ましい。中国は本気で開発を進めているのだ。日中は、双方ともますます警戒心を強めている。

無人機のオペレーションは、サイバー空間を通じて行われる。ネットワークには衛星も含まれる。習近平主席が言う「空中と宇宙における戦闘力の向上」は、宇宙空間を利用した極超音速飛翔体のような攻撃兵器のみならず、宇宙空間を含んだ指揮通信ネットワークにも関連している。

中国が、兵器単体の近代化から、戦闘のためのネットワーク構築へと意識を変えつつあることも示しているのだ。

中国でも、ネットワーク・セントリック・オペレーションが進めば、各ビークルの行動について、人間の判断が介在する余地は少なくなる。末端には判断させないため、中央の意図を実際の軍事行動に具現化させやすくなるとも言える。

一方で、中国のサイバー・オペレーションにも変化をもたらす可能性が高い。オペレーションに関するネットワークに対するサイバー攻撃の効果が認識されれば、当然攻撃の対象にするだろう。また、一方で、自らのオペレーション・ネットワークの防御にも力を入れなければならなくなる。

空軍の近代化は、人民解放軍の種々のオペレーションに影響を及ぼすと考えられる。

習主席は軍を掌握しているか？

中国人民解放軍の非常識な行動を、習近平主席が軍を掌握できていないからだとする意見がある。確かに、中国指導部が日中の軍事衝突を望んでいないにもかかわらず、軍の末端部隊が外国軍部隊に対して挑発的な行動をとるのは、中国指導部の意図が軍の末端まで行き渡っていないことを意味している。

しかし、この状態は習近平主席が軍を掌握していないということとは少し異なる。軍の末端部隊が、習主席に反旗を翻している訳ではないからだ。習近平主席と人民解放軍は、すでに、これ以上大規模な粛清を行わない代わりに習近平主席に忠誠を誓うという手打ちが行われている。

こうした軍の末端部隊の非常識な行動は、共産党指導部や中央軍事委員会あるいは各軍種司令部のような上級司令部の意図によるものではなく、素養の低い極一部の軍人の自己顕示欲の発露に過ぎないのだ。

一方で、こうした非常識な行動を、指揮官や上級司令部、または党中央が罰することができないのは、中国指導部の意志を強制的に押し付けることが難しいことも示している。建前と本音が異なるからだ。

中国の指揮系統の状況は複雑である。運用指揮官と政治将校の二重構造は、人民解放軍の指揮系統の根本的な問題であるが、それ以外にも、中国社会全体に通ずる問題が存在している。「面従腹背」である。

二〇一四年六月三〇日、中国のメディアは、中国共産党中央政治局が、元中央軍事委員会副主席の徐才厚上将の党籍剝奪の処分を決定したと報じた。決定では徐才厚上将に汚職など「重大な規律違反」があったとし、この案件はすでに司法機関に送られたという。今後、軍法会議において訴追されるということだ。

徐才厚事案もいよいよ大詰めといったところである。徐才厚は、江沢民に抜擢され、胡錦濤政権時代も江沢民の庇護の下でその影響力を行使し続けた江沢民派の大物で、中国では権力維持に不可欠である武装力量を代表する人民解放軍を掌握していた。

ちなみに、もう一つの武装力量である公安（日本で言う警察を含む）を押さえていたのが、やはり江沢民派で、石油利権集団の大ボスでもある周永康である。

胡錦濤は二〇〇二年一一月の第一六回党大会で党総書記となったものの、江沢民が党中央軍事委員会主席の座を手放さず、徐才厚は第一六期一中全会で党中央軍事委員会委員および党中央書記処書記に選出され、総政治部主任に昇進した。

総政治部主任という職は、全ての人民解放軍将校の人事に関与する立場である。徐才厚は、人民解放軍の人事を握ることによって、江沢民の影響力の基盤を提供していたとも言える。

さらに、二〇〇四年九月の第一六期四中全会において胡錦濤が党中央軍事委員会主席となっても、自身は同委員会副主席となって、人民解放軍ににらみをきかせ続けた。

胡錦濤は、最後まで江沢民の影響力から逃れることができなかったのだ。しかし、胡錦濤は、江沢民の影響力の下でも改革を進めようとしていた。そのうちの一つが、江沢民が進めた「反日愛国主義教育」の行き過ぎの是正である。

胡錦濤元主席は、江沢民が中国全国に建設した「愛国主義教育基地」の数をさらに増やしている。と言うと、反日教育をさらに推し進めたように見えるが、胡錦濤が建設した「愛国主義教育基地」には抗日戦争に無関係のものが多く含まれていた。例えば、人民解放軍が農民のために建設した用水路などを指定しているのだ。胡錦濤は、愛国主義教育に占める「反日」の濃度を薄め、「愛国主義＝反日」の構図を変えようとしたのだと言える。

さらに、人民解放軍の汚職を減少させるために、装備品の中央調達化も進めようとした。胡錦濤が進めようとしたのは制度化である。鄧小平が開始し、江沢民が逆行させた制度化を、忠実に進めようとしたのだ。しかし、胡錦濤の制度化には限界があった。

二〇一二年一一月の第一八回党大会において、胡錦濤は全ての権力の座から退いた。江沢民のように中央軍事委員会主席の座にしがみつき、影響力を行使しようとはしなかった。二〇一二年九月の日本政府による尖閣諸島購入後、人民解放軍から胡錦濤に対して「中央軍事委員会主席に留まるよう」要請があったが、胡錦濤はこれを断っている。

「習近平体制は、五年後の党大会時に、定年のために現職を退く者が多く、結局、胡錦濤が再び実権を握ることができるという自信の表れだ」という主張もあるが、制度化の努力を江沢民に阻害され続けた胡錦濤にとって、制度を無視して権力にしがみつくことは自らの主義を否定することになる。

人民解放軍が胡錦濤に中央軍事委員会主席の座に留まるよう要請したのは、軍内を江沢民派で固めていたほうが日本に対抗するのに有利だという判断があったかも知れない。胡錦濤が完全に引退したのは、江沢民の影響力を排除するためであった。江沢民を道連れに引退したのだ。

また、江沢民は、中央政治局常務委員の人数を九人から一三人に増やすことによって江沢民派の優勢を保とうとしたが、胡錦濤はこの目論見も潰した。自身の引退時に、政治局常務委員を九人から七人に削減したのだ。習近平は、出発時から江沢民の影響力を最小限に抑えることができたのである。

それでも習近平指導部が改革を進めるためには、さらなる江沢民の影響の排除が必要だった。現在の党・政府機関や国有企業などの利益団体の幹部は皆、江沢民の影響下で出世しているのだ。これらを全て排除したのでは、党も政府も機能しなくなってしまう。

習近平主席は、江沢民の影響を排除しつつ、党・政府の機能を維持しなければならない。落としどころを見つけて、「手打ち」をしなければならないということだ。

徐才厚事案も、周到に根回しされている。二〇一二年一二月、総後勤部副部長・谷俊山中将（当時）に対して収賄の容疑で調査を開始し、解任した。徐才厚は谷俊山の後ろ盾である。調査に一年以上の時間をかけ、二〇一四年三月三一日、中国政府・国防部は谷俊山を収賄、公金横領、職権乱用の疑いにより軍事法院に起訴した。

徐才厚が逮捕されたと報じられたのは六月に入ってからである。徐才厚には、自殺説も流れるほど長い時間、処分を決定することができなかった。この期間、習近平主席は、他の軍幹部たちとの落としどころを探っていたのだ。

「手打ち」は、四月二日付の中央軍事委員会機関紙である『解放軍報』が、七大軍区や海軍、空軍、第二砲兵の司令官など一八人の署名入り忠誠文を掲載したように大衆の目にも明らかな形で示された。

今後、よほどの反抗がない限り、軍における大規模な粛清も軍の大規模な造反も生起しないということである。習近平主席は、軍と手打ちを済ませた上で徐才厚を起訴したのだ。

徐才厚の処分が決まらなかったため、中国では、二〇〇六年の上海党委員会書記・陳良宇事案の際の中央政治局常務委員・国務院副総理・黄菊（当時）のように、「公開されず、逮捕されず、判決を受けず、表ざたにされない」という方式が適用されるのではないかという憶測も流れた。

中国共産党中央は、日本で考えられているほど強力ではない。胡錦濤は、陳良宇を拘束するに当たって、上海市の武装警察総隊長・辛挙徳を更迭し、陝西省の武装警察総隊長・劉洪凱少将を任命している。

劉少将は、胡錦濤に忠誠を誓い、陳良宇の拘束に貢献した。しかも、陳良宇を拘束したのは上海の部隊ではなく、江蘇省の部隊だった。上海の武装警察は上海市指導部の影響下にあり、中央の命令に従わないと考えられたからだ。

それほど、地方の力は強いのである。中国共産党中央は、基盤を持たず、各地方の権力の上に神輿のように担がれている。陳良宇事案は、中国指導部が地方に手を出すのがどれほど難しいかを示すものだ。

日本では、習近平は権力掌握ができていないという評価もあるが、そうは考えられない。少なくとも、過去に誰も手を付けられなかった改革を実行しようとしている。既得権益を侵される権力者や地方、利権集団が反発し、種々の抵抗を示すのは当然である。

中国経済・社会は危機的状況にある。少なくとも中国指導部はそう認識している。改革を進めるために、組織、地方および利権集団の権力掌握を進める必要があると考えているのだ。習近平主席は、軍の権力掌握を進めると同時に、鉄道および石油といった利益集団を掌握するための闘争を展開している。

二〇一四年一月六日、中国国家鉄道局がひっそりと看板を掲げた。鉄道局は、二〇一三年三月に解体された鉄道部の後継機関である。中国の「部」は日本で言う「省」に当たり、鉄道局は降格された格好だ。

しかも、引き継いだのは行政部門だけで、輸送などの事業部門は国有企業として発足した中国鉄路総公司が引き継いだ。実質的に権益を生む部門は鉄道局から切離されたのである。

中国でも、新しい組織が発足する際に組織の新しい看板を掲げるのは象徴的な行事である。ニュースでもよく見かける光景だ。しかし、鉄道局の「掲牌儀式」は報道されることもなかった。そのことが、鉄道利権が習近平主席に抑え込まれたことを示唆している。

中国では、習近平主席に率いられた「反腐敗」が現在も展開中である。石油利権の大ボスでもある周永康の処置もまだ最終的に決定されていない。周永康は、二〇一二年一一月まで党最高指導部である政治局常務委員（序列九位）を務めていた。

二〇一四年七月二九日、国営メディアである新華社は、中国共産党が、周永康について、「重大な規律違反」で立件・調査することを決めたと伝えた。この調査には、江沢民元首席も胡錦濤前主席も同意していると伝えられている。

政治局常務委員まで務めた周永康に対して法的措置をとられるとすれば、これまでになかった異例の措置になる。周永康が公に処分されれば、江沢民にまで手が伸びる可能性もあったが、江沢民の同意を取り付けたとすれば、ここでも手打ちがなされたのだろう。

江沢民は、そこまで譲歩せざるを得なかったということである。習近平が、実質的に、江沢民派を抑え込みつつあることを示すものだ。

中国では、現在でも権力闘争に勝利するための最終手段は「武装力量」であると信じられている。人民解放軍との手打ちを済ませた習近平指導部は、今後も、改革の前提となる権力掌握のための闘争を続けるだろう。

そして、周永康を処分することによって、もう一つの「武装力量」である公安部門の掌握も進む可能性が高い。もし、習近平主席が中国国内の武装力量を完全に掌握することができれば、彼の権力は実を伴うものになる。

しかし、一方で、既得権益の深層に切り込めば切り込むほど、既得権益側の抵抗は激しくなる。国内の権力闘争は対外政策にも影響を及ぼす。抵抗勢力は、追い詰められれば、指導部の権威を失墜させるために、周辺諸国との摩擦を故意に起こすこともためらわない。

武装力量という実力を失った後は、さらに巧妙に仕掛けてくることになる。周辺諸国は、外交努力と相反する中国の強硬姿勢の背景を理解して対処する必要があるということである。

中国人民解放軍にシビリアン・コントロールはない

二〇一三年一月三〇日に生起した中国海軍艦艇による海上自衛隊護衛艦に対する火器管制（FC）レーダー照射事案は、二〇一四年五月に生起した中国空軍戦闘機の自衛隊機に対する異常接近と併せて、中国人民解放軍内にある問題を垣間見ることができる事象である。

二〇一三年二月五日夜、防衛大臣が緊急記者会見を開き、東シナ海公海上で、中国海軍艦艇が海上自衛隊護衛艦に対してFCレーダーを照射したと公表した。これに対して、中国外交部は七日の定例記者会見で日本の公表を非難し、八日には中国国防部がFCレーダーの使用自体を否定する内容を公表するに至った。

ここから、日本では、中国の意図がどこにあるのかという議論が賑やかになる。ちなみに、外交部が知らないということと、党中央が知らないということは全く別のことだ。それでも、この事案は党中央の意思ではない可能性が高い。そこで訊かれたのが、「では、中国人民解放軍はシビリアン・コントロールが効いておらず、さらに危険ではないか?」という質問である。

中国人民解放軍に対してシビリアン・コントロールが効いているのか、という質問は答えるのが非常に難しい。習近平総書記のコントロールが効いているかという意味であるとしても、それは単純にシビリアン・コントロールという概念では捉えられない。

中国人民解放軍は国軍ではなく、党の軍隊、党軍である。国軍の行動を決定するのは国民（国民の付託を受けた意思決定者、さらに議会などの承認も必要）であり、これがシビリアン・コントロールであるが、中国人民解放軍の行動を決定するのは中国共産党である。中国人民解放軍では入隊するときに党に忠誠を誓う。したがって、厳密に言えば、シビリアン・コントロールではなく、パーティー・コントロールと呼ぶべきだろう。

言葉の問題はともかく、この「党軍である」ということが、指導者と軍の関係、党軍関係を敏感なものにしている。当然、中国共産党内にも種々の派閥や考え方が存在する。

自らの立場が危うくなった際に軍事力を用いて政敵を抑圧するのは毛沢東主席（当時）が使った手だ。「政権は銃口から生まれる」という毛沢東の言葉は、今日でも現実味を帯びているように見える。中国指導者は、通常の政策決定過程から軍の影響が薄れたいまでも、軍の絶対的支持を必要とするのだ。

それでも軍に対する習近平総書記および党中央のコントロールは効いていると考えられる。まず軍が共産党指導体制を破壊するとは考えにくい。軍は現在の統治機構の中で利益を享受する側にいるからだ。

次に「制度化」の進展である。二〇一二年一一月の第一八回共産党大会において、中国共産党総書記の職とともに、党中央軍事委員会主席の職も、胡錦濤前総書記から習近平総書記に引き継がれた。個人のカリスマ性や権力による統治ではなく、制度（法）による統治（依法治国）を進める努力の表れであると言える。

二〇一二年九月一一日に日本政府の尖閣諸島購入が公表されて以降、軍内には胡錦濤中央軍事委員会主席の続投を望む声もあったが、「制度化」を進めてきた胡錦濤前総書記にとって、全権力の移譲は当然なすべきことであった。

権力移譲後は、これに対して軍からも異論は出ていない。三位一体（党、政府、軍）の統治体制に在って、軍も「制度化」を受け入れていることの表れだ。

二〇〇四年当時、日本では胡錦濤前総書記の軍掌握の度合いが問題になったが、中国のある将軍は私に「心配するな。軍はボスが誰か知っている」と述べて、胡錦濤前総書記および彼の方針を軍が受け入れていることを示した。

誤解のないように付け加えると、「制度化」は日本人が考えるような民主化のためではなく、中国共産党が安定した統治を継続するためのものである。

FCレーダー照射は、逆説的ではあるが、党中央のコントロールが効き過ぎた結果、と言えなくもない。中国では、党でも軍でも皆、上を気にする。上から認められなければ出世できないが、「政治的に誤っている」とされると自分の立場が危ない。

一方で、一般的には、上からの指示以外で目立つ行動は嫌われる。そうなると、上からの指示に対する成果を最大限アピールするしかない。これに、軍隊で言えば、軍人の資質の問題が加わると、党中央あるいは軍上層部が望んでいない危険な状況を引き起こす可能性が出てくる。

そもそも、軍の命令は、ただ同じ内容が指揮系統に沿って伝わる訳ではない。私も若い頃に作戦立案の教育を受けたが、作戦・行動の立案は段階ごとに行われる。

各級指揮官は、命令を受けると、上位の目標達成に寄与するよう自らの目標を立て、作戦・行動を立案する。これが段階的に繋がってこそ、各部隊の行動が国家目標の達成に寄与するのだ。各級指揮官には一定の裁量権があると言えるが、立案に際しては、その行動が上位指揮官の目的意識に合っているか、人的・物的損失などを含む結果が受容できるか、可能性はどの程度かなどを考慮しなければならない。

通常の任務であれば、ここで、国際法や慣習から外れる行為は除外されるし、戦闘を避けるのであれば相手を刺激する行動も除外される。

日中間は戦争状態にはない。両国政府が戦争を望まない状況下で危険な行為が実行されるとすれば、命令（上位の目標）が正確に理解されていないか、国際法や慣習が理解されていないということになる。

FCレーダーの照射にしても、党中央あるいは軍上層部が個々の艦艇の行動について細かい命令を出していたとは考えにくい。それは日本の公表に対する中国の反応にも見て取れる。

中国は、FCレーダーの使用を否定した。「照射したが、それは日本のせいだ」とするのが通常用いられる論理展開だ。現にいまでも中国党関係者からこのように言われることがある。

使用自体を否定し、日本が事案をねつ造して国際社会における中国のイメージを悪化させようとしたとする文脈は、FCレーダー照射が国際的常識から外れた行為であると中国指導部が認めたことに他ならない。

これは同時に、中国指導部が、FCレーダー照射の再発防止策をとるであろうことも示唆している。さらに言えば、結論は「日本に対話による問題解決に戻るよう望む」であり、途中の強烈な非難に比べて極めて穏便な結論である。

ここに、この事案をこれ以上エスカレートさせたくないという中国指導部の本音も見える。

ところで、党中央あるいは軍上層部の指示ではないと思われる危険な行為は以前にも生起している。二〇〇一年四月に生起した米海軍情報収集航空機と中国海軍戦闘機の衝突事案である。当時、北京で同時期に勤務していた米海軍武官は、着任早々、本件の処理に当たり、相当に苦労したと言う。

当時の情報などを総合すると、それまでにも繰り返し米軍機に危険な近接飛行を行っていたのは当該パイロットただ一人である。米軍機に対する危険な飛行が組織立った行動ではないということだ。すなわち当該パイロットの個人的資質の問題である。

また、二〇〇四年一一月に生起した、「漢」級潜水艦の日本領海潜没航行にかかわる経緯も同様のことを示唆している。端緒は、大隅海峡付近での中国海軍の潜水艦救難艦と曳航船の行動だった。

中国海軍司令部に電話し、もし中国海軍潜水艦が事故を起こしたのであれば、海上自衛隊が救難の支援に向かうと告げた。もちろん海上自衛隊の同意を得ていた。洋上で何かあれば助け合うのが海軍の習わしだ。中国海軍から感謝の意が述べられた後、「もし事故であれば海上自衛隊に支援を要請するかも知れない。ただ、現在、状況を確認中である」と告げられた。

ここまでなら、海上自衛隊と中国海軍の協力の美談で終わったのだが、そうはいかなかった。

中国海軍主催新年会において、海軍司令員・張定発上将は「漢級潜水艦の行動は日本を対象にしたものではない」と述べた。(2005年1月、中国海軍新年会)

翌日には、国籍不明潜水艦が日本領海内を潜没航行中と報道されたからだ。

これ以降の各司令部の状況は、軍上層部が当該行動を把握していなかったと私に理解させた。直後のあるパーティーで会った総参謀部の参謀は、「機微な海域における行動は全て総参謀部の承認が必要だが、今回の潜水艦の行動について総参謀部は知らなかった」と言っている。

日本政府が中国政府の謝罪を受け入れた後の翌年一月、中国海軍主催新年会において、当時の海軍司令員は私の挨拶の言葉を遮って、「漢級潜水艦の行動は日本を対象にしたものではない」と述べた。それから彼は笑顔になり雑談になったが、先の言葉は中央から指示されていたのだろう。

某国武官は、同じく一月の中国海軍部内紙の一面トップに「潜水艦乗組み政治将校が航行中に注意すべき事項」なる記事が掲載されたと教えてくれた。そこには、「命令に従え」「命令を理解しろ」「艦の行動を監督しろ」という内容もあったと言う。

さらに、七月のあるパーティーにおいて、中国海軍司令部の若い参謀が嬉しそうに近づいて来て「武官、安心して下さい。もう、あんなことは起こりません」と言う。何のことか尋ねると、「潜水艦の件です。北海艦隊に対して国際法の講義を実施しました」と述べた。自ら、中国海軍軍人の資質に問題があると述べたようなものだ。

軍人の資質に問題があると党中央が認識している裏付けとして、軍の教育改革と兵士の高学歴化促進が挙げられる。しかし、一方で、軍人の高学歴化には問題もあるようだ。

二〇一四年六月一七日付の中国英字紙は、「中国人民解放軍が八月の採用から、精神障害や刺青のある志願者についても入隊を容認する新基準を導入した」と報じた。「統合失調症やうつ病などの精神障害の患者は入隊できない」とする基準が撤廃されるとともに、刺青に関しては、制服を着用した際に見える部分が二センチ以下ならば入隊が可能とされたのだ。

入隊の基準を下げたとも言える措置は、中国軍が隊員募集に問題を抱えていることを示唆している。隊員が集まらないのだ。とは言え、入隊基準引き下げは、これまでの軍人の素養向上の努力に逆行するものでもある。

中国軍は、二〇〇〇年から幹部候補生を教育する軍の学校に対して、教育改革を実施している。「合訓分流」という新しい教育システムだ。正式には「学歴教育合訓、任職培訓分流」と言い、一般教養に関する教育は合同で行い、専門術科教育は職種ごとに分かれて別々に行うものである。

「合訓分流」は「四十一」制度とも呼ばれ、四年間の本科学科教育と一年間の指揮学院などに分かれての職種専門教育とから成る。素養教育を実施する四年間のうちでも、前半二年間は一般の大学と同様の学科教育のみで、後半二年は術科素養教育が加わる。大連艦艇学院で説明を受けたときに強調されたのは、この前半二年の学科教育の強化である。一般教養の向上が求められていたのだ。

同時期、中国軍では「人材戦略工程」が展開され、「高い素養を持った軍人を作れ」と号令がかけられている。海軍でも、その活動範囲の拡大に伴い、教養の高い将校の必要性が認識されて

訓練艦「鄭和」艦上で射撃訓練および天測訓練を行う大連艦艇学院の候補生たち。中国海軍でも教育改革が進む。（2005年9月、海軍武官団視察）

いた。

二〇〇三年四月、中国紙は、駆逐艦「青島」艦長・李玉杰の特集記事を報道した。彼は二〇〇二年に中国海軍艦艇による初の世界一周航海に成功している。彼は高等教育を受けており、記事の中で「新たな世代の知識型艦長」と呼ばれている。しかし、それ以外の艦長は「何型」なのだろうと考えると笑いごとではない。

将校教育に関しては、教育改革の成果が現れている。「合訓分流」によって一定の素養を有した将校が部隊に配属されて、約一〇年が経過した。彼らが少佐・中佐といった中級将校となり、部隊運用に携わっているのだ。

問題は兵士である。中国では、兵士の素養を高める努力も行ってきた。大学生の義務兵（義務年限二年）に対する優遇措置はその一つである。その優遇措置の内容を見ると、中国共産党指導部あるいは軍指導部が、いかに兵士の素養の低さに危機感を有しているかが理解できる。

優遇措置の第一は、学費の減免措置である。兵役を終えて復学した際の学費を国家が肩代わりするのだ。第二は、出身地の部隊で勤務できるようにすることである。こうすることで、実家にいる家族を軍属（軍人の家族の意。日本語の軍属とは異なる）とすることができ、家族が給付金やその他の優遇措置を享受できるのだ。

さらに、大学院修士課程入試に関する優遇措置がある。兵役を終えて三年以内に大学院を受験する際、入試の総合得点に一〇点が加算される。兵役中に表彰された者は、試験が免除されることもある。

そして、とどめは就職の斡旋だ。国営企業の入社試験や地方政府の就職試験で、やはり二点から六点の点数加算などの優遇が受けられる。また、職業訓練も受けられる。

それにもかかわらず、兵士が集まらない。それはどまでに、中国、特に都市部では、就職先として軍は人気がないのだ。しかし、過去から軍が募集困難であった訳ではない。

二〇〇〇年代前半、内陸部では、皆が入隊したがった。あるいは、家族が男子を入隊させたがった。軍隊に入ることは、数少ない共産党員になるチャンスなのだ。人民解放軍は国軍ではない。中国共産党の軍隊である。兵士が入隊する際には、右手を挙げて共産党に忠誠を誓う。人民解放軍の将校は皆、共産党員であるが、義務兵でも優秀であれば党員になることができる。

共産党員という資格の価値は田舎ほど高い。地域によっては、党員であるというだけで村の幹部になれる。田舎ほど党員の権威が高いのだ。貧しかった家族の中に党員ができれば、家族皆が彼にぶら下がり、これまで虐げられてきた立場を逆転できる。

だからこそ、家族の一人が義務兵としてでも入隊すれば、一族郎党、部隊の上官に付け届けに行く。覚えをめでたくするためだ。しかし、家族・親族全ての期待を背負う本人にかかるプレッシャーはすさまじく大きい。

一方で、義務兵から党員に選抜される可能性は極めて低い。入隊してから現実を知り、やる気をなくす兵隊も多い。中には、仮病を使って訓練をさぼり続ける者もいる。こうした兵隊たちは、兵役を終えても、家族の期待を裏切ったために実家に戻りたがらず、部隊の銃を盗んで黒社会（日本でいう暴力団）に身を投じる者もいる。

軍人の素養について考えていると、二〇〇四年一一月に中国海軍「漢」級潜水艦が日本領海を潜没航行した事案について語った、中国海軍の上級大佐の「彼らは戦士だが、兵士とは言えない」という言葉を思い出した。中国指導部や人民解放軍上級司令部などは、末端部隊の軍人の素養の低さが原因で問題が生起する可能性を理解していたのだ。

二〇一四年六月三〇日から実施されたリムパックに、初めて中国海軍艦艇四隻が参加した。実は、海軍のマナーや国際常識などは口で言ってもわからない。体験するしかないのだ。中国軍人の素養が高くなることは、手強い相手になるということだ。しかし、理解し合える相手にもなるということでもある。

[用語解説]

【MOOTW（Military Operations Other Than War）】戦争以外の軍事作戦。米軍の軍事力使用に関する概念の一つ。HA／DR（人道支援・災害救援）等を指すことが多いが、全面戦争に至らない程度の武力行使までも含む広い概念である。

第八章

中国の軍事戦略

米中戦略経済対話に見る中国の意図

二〇一四年七月九日および一〇日、北京において開催された「米中戦略経済対話」（以下、「対話」）の成果については、日本では否定的な報道が多い。確かに、九日の開幕式で習近平主席が「対立を避け、協調すべきだ」と演説したにもかかわらず、多くの分野で米中の対立姿勢が鮮明になった。

サイバー攻撃に関する対立はその一つだ。二〇一四年五月、米国司法省は、サイバー攻撃によって企業のシステムに不正侵入し企業情報を盗んだとして中国人民解放軍の将校五名を起訴したが、中国側は容疑を否定し、猛反発した。新たに米司法省がアクターとして登場したことにより、米中サイバー戦は新たな段階に入ったとも言われる。しかし、中国は、米国の批判を受け入れないどころか、「対話」において、中国も被害者であると主張し、「この問題を他国の利益に損害を与える道具にすべきでない」と米国の態度を批判した。

また、東シナ海や南シナ海における中国の行動に対して、米国は厳しく非難するとともに「国際法とルールを守るよう」求めたが、中国は「領土主権と海洋権益を断固として守る」と反発し、反対に、米国に対して「客観的で公正な立場をとるよう」求めた。当事国間での解決にこだわる中国が、米国に「手を出すな」と言っているのだ。

しかし、こうした厳しい対立の情況を以て「成果がなかった」というのは、米国側に立った見方ではないだろうか。中国側の見方は必ずしも同じではない。中国が「対話」に求めているものは、米国のそれとは異なっている。

中国は、「対話」を、単純に「問題解決の場」あるいは「緊張緩和の場」とは認識していない。むしろ、現在の中国は、「対話」を「対立を強調する場」として利用しているのではないか、そして、それだけ厳しい対立があっても、米中は衝突しないのだということを示したいのではないかと考えられる。

このような中国の認識は、「対話」の中での、中国の「新型大国関係」の説明に現れている。中国によれば、「新型大国関係」とは、「大国同士が対抗を繰り返してきた伝統を破る、新しいモデル」である。

釣魚台国賓館で始まった「対話」での演説で、習主席は、「新型大国関係」に九回も言及した。これは、中国が「対話」において「新型大国関係」の構築を主張することに固執していることを示している。「新型大国関係」とは、米中間に対立がある状態を追認した上で、軍事力ではなく、議論を通じて問題解決を図る関係を言う。また、協力できる部分は協力し、全面的な対立を避けるものでもある。

ケリー米国務長官は、「歴史上、台頭する大国と既存の大国は戦略的な敵対関係となってきたが、それは避けられないことではなく、選択の問題だ」と述べ、部分的に中国のアプローチを受け入れた。

ここで問題になるのは二点だ。一点目は、「対立があっても議論で解決を図る」、つまり「武力行使しない」という点だ。中国にとって最も欲しいのは、中国が権益拡大のために行動しても、米国が中国に対して武力行使しないという保証である。

「対話」の開幕式における演説の中で、習主席は、「広大な太平洋は米中両国を受け入れられる」と述べた。これは、二〇一三年六月八日の米中首脳会談において、習主席がオバマ大統領に述べた「太平洋は二つの大国にとって十分な空間がある」という表現と同様である。

しかし、これらの表現は、二〇〇七年五月にキーティング太平洋軍司令官（当時）が訪中した際に中国側から提案された「太平洋分割管理」とは異なるものだ。中国が、この間に現実を受け入れて考え方を変えたのか、あるいは、二〇〇七年の発言が誤って理解されていたということだろう。

現在、中国が目指しているのは、米国との「共存」である。中国は、特定の地域から米軍の活動を排除できないことを理解している。もちろん、中国は、現在でも、中国の影響力が及ぶと考えている地域、特に東アジアおよび東南アジアから米軍を排除したいと考えている。しかし、現在の中国にはその実力がない。中国は、このことを理解しているという意味である。

二〇一三年三月頃に日中関係改善に見切りをつけた中国は、四月から米国との直接対話に力を入れ始めた。しかし、六月の米中首脳会談では、米中の協調的共存は難しいことが明らかになった。米中関係は、双方の価値観・権益が衝突する対立基調の上に成り立つ関係なのだ。それでも、米国を排除する実力がない以上、共存しなければならない。対立的共存である。

中国が、「太平洋には二つの大国にとって十分な空間がある」と述べるのは、「アジア太平洋地域において、米中二大国は自由に行動してかまわない。中国は米国の邪魔をしないから、米国も中国を邪魔するな」という呼びかけでもある。

二点目は、米中が「大国関係」を議論している点である。中国がライバルとして意識するのは米国のみだ。中国は、アジア太平洋地域における安全保障環境を、米中という二大国が決めていくのだと考えている。

こうした中国の大国意識は、二〇一四年五月三〇日〜六月一日の間、シンガポールで開かれた「アジア安全保障会議（シャングリラ・ダイアローグ）」の中でも見られた。中国人民解放軍副総参謀長・王冠中中将が、演説の最後で「アジア太平洋の安全保障について大国が主たる責任を有する」と述べたのである。

演説の最初で、全ての国が平等であると言っていたのを、自らひっくり返した格好だ。こうしたところに、中国の大国意識を見ることができる

一方の米国は、ケリー国務長官が、米中関係を過去の大国間の敵対関係と比較したことで、少なくとも、米中関係が大国同士の関係であることを認めたことになった。

しかし、米中が「大国の関係」に込める意味は異なっている。中国は、「大国間での対立を避ける」と述べているのであり、「全ての国との対立を避ける」とは述べていないのだ。中国と、中国が言う「小国」との間での対立は、中国にとって、アジア太平洋の安全保障環境を語る上で問題にはならないということを示唆する表現である。

米国は、この中国の意図を理解しているように見える。この「新型大国関係」に対して、非常に慎重に対応しているのだ。七月八日に発表されたオバマ大統領のステートメントは、「二大国」という表現を一度用いただけで、後は、「我々二つの国」および「我々の国」という表現を用いて、「大国」という表現を避けている。

また、中国が言う「新型大国関係」についても、「中国との新たな関係のモデル」と表現し、「中国が目指す世界」構築の議論に米国が乗っていないことを示すための配慮が見える。

しかし、実際には、米中軍事衝突を避けたいのは中国だけではない。米国としても、中国との戦争は避けたい。自国および世界経済に与える影響が大きいからだ。

米国は、対話を通じて、中国が国際法およびルールに則って行動するよう要求している。一方の中国は、東シナ海や南シナ海の問題は二国間の問題であるとして、米国に手を出すなと言う。

中国は、こうした根本的な対立があっても米中が軍事衝突しないということを確認したかったのだ。そして、少なくとも、米国は議論によって問題を解決すること、および協力できる部分は協力することに同意を示した。

さらに、「対話」における厳しい対立は、中国国内向けにも必要なものである。中国指導部が弱腰ではないことを示すものだからだ。それどころか、米国と正面から堂々と渡り合っているという印象を与えることにもなる。

「対話」は、中国にとって必ずしも得るものがなかった会議ではない。むしろ、中国が当面追求しなければならない、米国との対立的共存について自信を深めた一面もあると考えられる。

中国の軍事戦略は、「中国が求める世界」を追求するためにある。米国との衝突を避けつつ、中国の経済的権益を確保できる世界である。逆説的ではあるが、現段階では、中国の軍事戦略は、米国との戦争を避けるためにあるとも言えるのだ。

中国の対外行動の矛盾

二〇一四年五月からの中国とベトナムの衝突の原因となったのは、国有企業である中国海洋石油による西沙諸島周辺海域における海底掘削作業である。この掘削作業について、ベトナムの外交官は、「中国のオイルリグが移動していたのは認識していたが、まさかあの場所で止まるとは考えていなかった。オイルリグはさらに南下すると思っていたので驚き、慌てて対応することになった」と語った。

それほど、ベトナムは、「中国との関係が安定している」、あるいは、「中国がベトナムとの安定した関係を望んでいる」、と考えていたのだ。そして、それには根拠があった。中国は、ベトナムを始め、東南アジア諸国と良好な関係を構築するための外交努力を続けてきたからだ。

李克強総理は、二〇一三年のASEAN議長国ブルネイのハナサル・ボルキア国王、タイのインラック首相、ベトナムのグエン・タン・ズン首相の招待で、二〇一三年一〇月九日から一五日にかけて三カ国を公式訪問した。

ブルネイの首都バンダルスリブガワンで開かれる第一六回ASEANプラス1（中国）首脳会議、第一六回ASEANプラス3（日中韓）首脳会議、第八回東アジアサミットに出席するためだ。この回のASEAN関連会議の主要課題は地域の平和と安定を守り、金融リスクに適切に対処し、地域統合を推し進め、共同発展を図ることであったとされる。

ベトナムを訪問した李克強総理は、一四日午前、ハノイで同国のチュオン・タン・サン国家主席と会見して、「両国が海上、陸上、金融協力の三つを合わせて推進することは、中越には困難を乗り越え、意見の相違を適切に処理し、双方の協力の実質的進展を図り、両国の共通の利益基盤を固める能力も知恵もあることを示すものである」と述べた。

この訪問で、中越両国は、関係の深化について新たな共通認識、合意に達し、一連の協力文書と取り決めに調印した。李総理はまた、「両国が大局から出発し、これら合意を実行に移すためにともに努力することを希望している」と述べている。

ベトナムは、中国の「困難を乗り越えて協力を」という外交努力を信じていたのだ。そして、それは、ある意味では間違っていない。中国は、外交努力は継続していたという意味だ。

実際、習近平主席は、周辺諸国との安定した関係を構築することに意を用いている。二〇一三年一〇月二五日、習近平主席は、自らが主宰する「周辺国外交工作座談会」において、外交官たちに対し、「中国がさらに発展するには良い周辺環境が必要だ」と演説し、周辺国との外交を積極化するよう指示した。

それにもかかわらず、ベトナムの信用は裏切られた。そして、他国が中国に裏切られたのは、これが初めてではない。これまでも、中国の外交努力は、ことごとく覆されてきた。南シナ海での中国の拡張主義的行動は、このパターンが繰り返し特徴的に表れている。

中国が実質的に南沙諸島に進出したのは、一九八八年である。同年三月、中国海軍は、これも南沙諸島に進出していたベトナムの海軍と、ジョンソン礁周辺海域で海戦を行い、ベトナム艦艇二隻を撃沈した。この海戦によって、ベトナム海軍軍人約八〇名が死傷した。

この海戦は、東南アジア諸国に、中国の南シナ海進出の意図を明確に知らしめた。一九九一年以降の米軍のフィリピンからの撤退が議論され始めた時期と重なったこともあって、東南アジア諸国の緊張は高まった。

中国は、米軍がいなくなるのを見計らって、南シナ海に触手を伸ばし始めたのだ。東南アジア諸国は、米軍の実力なしに中国の南沙諸島進出に対処せざるを得なくなったと認識した。

対処のほとんどは外交努力であったが、軍事行動も展開されている。中国とベトナムが衝突した海域が、中東とアジアを結ぶエネルギー資源輸送のシーレーン上にあったことから、インドネシア海軍は、中国に対する牽制として、同年九月にロンボク海峡などを封鎖する演習を実施した。しかし、こうした軍事力による中国への牽制は、やはり例外であった。東南アジア諸国は、中国に対して、軍事的には圧倒的に非力なのだ。

ASEANは、やはりインドネシア主導の中国との対話を開始する。「南シナ海における潜在的紛争の制御に関するワークショップ（南シナ海ワークショップ）」である。

中国の、南シナ海における「九段線（ナイン・ドッテッド・ライン、U字線とも言う）」が示された地図の存在が明らかになったのも、一九九〇年の第一回南シナ海ワークショップにおいてである。各国が提出した自国の主張を反映した地図に、当時まだ参加していなかった中国の地図が含まれていたのだ。

この九段線が地図上で領海線と同様に扱われていたこともあって、ASEAN諸国の受けた衝撃は大きかった。一九九一年の第二回以降、中国も参加するようになったが、第二回と第三回の南シナ海ワークショップにおいて、ASEAN諸国が九段線の意味を質問したにもかかわらず、中国側は明確な回答をしなかった。

ASEAN諸国が中国に対する不信を高める中、中国はさらに強硬手段に出る。一九九二年二月に、南沙諸島の領有を明記した「領海法」を公布したのだ。同年の第三回南シナ海ワークショップにおいて、ASEAN諸国は中国に対し、九段線の意味とともに、中国の領海法の意味を追及し、説明を迫った。

図表9　中国が主張する九段線

これに対して、中国の外交官は、具体的な説明をしなかったものの、「中国は問題を起こさない」と述べた。それにもかかわらず、中国の一方的な行動は止まらない。同年五月には、ベトナムが権利を主張している南シナ海南西端海域で、海底資源調査のための契約を米国企業と結んだのだ。

さらに、第三回南シナ海ワークショップ閉幕直後の同年七月四日には中国海軍がガベン礁に領土標識を立てた。この時期は、ＡＳＥＡＮ外相会議の直前でもある。ここに至って、ＡＳＥＡＮ諸国の中国に対する不信は確信に変わる。

しかし、それでもＡＳＥＡＮ諸国の対中脅威認識、あるいは中国に対する態度は統一されない。中国海軍によるダラク礁での領土標識設置直後のＡＳＥＡＮ外相会議は、「南シナ海に関するＡＳＥＡＮ宣言」を発表した。

この宣言の草稿を提出したのは、ＡＳＥＡＮ外相会議の主催国であったフィリピンであったが、その内容があまりに対中強硬であったために、何度も修正されることになったのだ。ＡＳＥＡＮ諸国の思惑の違いが浮き彫りになったのである。そして、この「思惑の違い」は、現在も存在している。

その結果、「南シナ海に関するASEAN宣言」の内容は、「平和的手段によって解決すること」「全ての当事国が自制すること」「直接的利害を持つ諸国の主権と管轄権を侵害することなく、航海と通信の安全、海洋汚染防止、捜索救難の努力、海賊・海盗対処の努力、麻薬撲滅のための協力といった分野での協力を模索すること」を決議したものにとどまった。

また、南シナ海における国際的行動規範設定の基礎として、東南アジア友好協力条約に示される諸原則の適用を関係国全てに勧告しているが、「南シナ海における行動宣言」の採択は二〇〇二年まで待たねばならず、「南シナ海行動規範」は、策定の動きはあるものの、二〇一四年七月現在、未だ策定されていない。

ASEANの中国に対する認識や態度が一つになることはなかったが、中国が「歴史的権益」を主張し始めたこともあって、中国が軍事力によって南シナ海を「閉鎖海」にしようとしているのではないかという疑惑はますます大きくなっていった。

こうしたASEAN諸国の対中感情の悪化を緩和するため、一九九四年七月の第一回ARF（ASEAN地域フォーラム）に出席した銭其琛外交部長は、中国とASEANの間での高級事務レベル会合を提案し、ASEAN側も、対話による問題解決に希望を残した。

しかし、一九九五年二月には、漁民に扮した中国海軍の軍人によって、ミスチーフ礁が占拠されてしまう。こうして中国の外交努力は再度覆されたのだ。こうなると、中国の融和的な外交は、ASEAN諸国を油断させるために展開されていたと認識されても仕方がない。

一方で、中国外交部は、軍によるミスチーフ礁占領を知らされていなかったと述べている。当時の実行部隊は、人民解放軍である。中国外交部は、日本で思われているほど、政策決定過程に強い影響力を有している訳ではない。一方で、人民解放軍の影響力は極めて大きい。そして、この二つの組織は、同一の意志の下に協同して行動している訳ではない。

二〇一三年一月に生起した中国海軍艦艇による海上自衛隊艦艇に対するFCレーダーの照射事案に関して、記者会見で質問に答えた中国外交部の華春瑩報道官が、「報道を見てから知った」と述べたのは、決して言い逃れだけではない。

中国では、軍の行動が外交部に知らされないという状況は、日常的に起こっている。しかし、この状況は変化しつつある。習近平主席が、人民解放軍の掌握を強めているからだ。外交部も人民解放軍も、習近平主席の意図に従って行動するようになってきているということである。

二〇一四年五月に南シナ海における中国とベトナムの衝突は、中国軍によって起こされたものではない。中国の国営企業である中国海洋石油の海底掘削作業に端を発するものだ。また、衝突の間も、中国海軍は指導部の指示のとおり、現場から一定の距離を保って待機を続けていた。一九九〇年代であれば、海軍は我慢できずに現場に突っ込んだだろう。

しかし、中国には、人民解放軍以外にも、強大な政治権力あるいは影響力を持った組織・グループが存在する。今回の中国とベトナムの衝突の発端となった活動は、石油利権集団によって行われたものだ。

習近平主席が「反腐敗」による権力闘争に勝利し、その手に権力を集中させることができれば、中国の対外的行動は習近平主席一人の意図に沿ったものになり、矛盾が減少する効果も期待できる。しかし、一方で、中国国内にも、習近平主席一人に権力が集中した後、彼がとる国内の改革や対外政策の方向性が必ずしも正しいものにならないのではないかと危惧する声もある。一人に権力が集中してしまえば、誤りを是正することが難しいという危険をはらんでいるのだ。

習近平主席への権力の集中なしに改革は成し得ないのは事実だ。しかし、権力が集中する危険性は認識しておかなければならない。

中国は戦争を起こすのか?

中国の対外的行動が習近平主席の意図に沿ったものになると、中国はどういう行動を起こすのだろうか。日本人の多くが恐れるように、周辺諸国に対して武力行使に出る可能性があるのだろうか。

答えは、「イエス」でもあるし、「ノー」でもある。

まず、「ノー」である最大の理由は、習近平指導部の優先事項が中国国内にあることだ。習近平指導部は、経済改革を進めなければ、中国経済が危機的状況に陥るという危機感を有している。中国国民皆が豊かになる前に経済が失速すれば、社会は不安定になり、共産党による統治さえ危うくなる。

中国指導部が最も恐れるのは、国内の不満が現指導部に向くことである。大まかに言って、中国の王朝はこれまで都市部から倒れたことはない。全て周辺部で起きた反乱などが広がって、都を包囲し、王朝を倒してきた。

中国共産党が中華人民共和国を成立させたのも共産主義革命によってではない。共産主義は、資本主義の矛盾が許容限界を超えることによって、都市部から起こるとされるものだ。しかし、中国共産党がとった行動は、まさにそれまで中国で王朝を倒すためにとられた手法と同様である。

食べられなくなった周辺の農民を取り込んで勢力を拡大して国民党を追い落としたのだ。この王朝交代は、数百年ごとに、数千年の間、続けられている。ただ、政権（王朝）の正統性を、「天」に求めた歴代王朝に対し、中国共産党は「共産主義」に求めたのである。

「前王朝は徳を失ったので天から見放された」ので、「徳のある自分たちが天から新たな王朝を建てる使命を得た」という理屈である。ただし、反乱に加わった農民たちからすれば、餓死するよりも自分たちを食わしてくれる王朝を建てることに賛同したに過ぎない。

表現は異なっても、結局は、周辺部、特に内陸の農村部の住人たちを食わせることができなければ、王朝は倒れるということだ。毛沢東の歴史好きは良く知られるが、単に趣味だった訳ではない。過去の歴史から、中国共産党が政権をとるための方策を学んだのである。

長い歴史の目で見れば、中国では、同様の王朝交代が繰り返し生起しており、これを「超長期の安定システム」であると称した中国人の研究者がいた。言い得て妙である。歴史は繰り返されるということなのだろう。

現在の中国国民にとって、自らの生活が豊かになることが最大の関心事であることは、指導部もよく理解している。中国指導部にとって、経済政策の正当性は、政権維持にとって不可欠なものなのだ。特に、沿岸部と内陸部の経済格差は、限界を超えると危険だと認識されている。

ただし、正当な経済政策をとること自体が、中国では難しい。習近平主席は、経済改革を進めるために、全ての権力を自らの手中に収める必要があると考えている。経済改革は富の再分配でもある。痛みを伴うのだ。特に、既得権益を享受している者やグループは、いままで、立場を利用して得てきた利益を得られなくなる。

既得権益の享受者が巨大な政治権力を持ち続けたのでは、経済改革に対する抵抗勢力になる。しかも、ただの抵抗勢力ではない。彼らの政治力は巨大である。その政治力の源泉は政治指導者との関係だ。

また、庇護を授ける政治指導者に対して賄賂などを贈り、その政治指導者の影響力の基盤を提供しているのである。持ちつ持たれつなのだ。そして、現在、既得権益を得ているということは、以前の指導者の影響下で、利益を得てきたということでもある。江沢民の影響力を残しているという意味なのだ。

胡錦濤前主席は江沢民の影響力を排除できなかったのであるから、結局は、江沢民の影響下で幹部の汚職が進んだと言える。習近平主席の「反腐敗」が、「江沢民の影響力排除」の様相を帯びているのはこのためだ。反対に、江沢民の影響力を排除しない限り、汚職や公務員の不適切な勤務態度は改められないのだ。

そして、まともに仕事をしてこなかったのは、公務員だけではない。人民解放軍も然りである。

胡錦濤前主席は、すでに、人民解放軍が戦える状態にないことに危機感を有していた。そして、実際の努力も行っている。二〇〇六年六月、人民解放軍全軍軍事訓練会議に出席した胡錦濤は、「厳しい訓練を実施してこそ強軍になる」と述べ、「実戦の必要性から出発し、困難で厳しい訓練を実施せよ」と号令をかけた。

また、「機械化条件下の軍事訓練から情報化条件下の軍事訓練への転換を自覚的、自主的に進めなければならない」とも述べている。指示は「機械化から情報化への転換」に限定しているが、要は、「自分で考えて訓練しろ」と叱っているのだ。

そして、胡錦濤は同年一〇月に「訓練大綱」を発布した。当時の中国メディアは、「人民解放軍の訓練は歴史的転換を遂げた」と報じている。

胡錦濤が「実戦的な訓練をしろ」と号令をかけなければならない状態に人民解放軍を陥れたのは江沢民だ。中国軍関係者によれば、江沢民が「訓練で死者を出してはならない」と指示したことから、各部隊は、これ幸いと、真剣に訓練をしてこなかったのだという。

江沢民時代は、人民解放軍にも腐敗が蔓延した。江沢民は、軍に自らを支持させる代わりに、厳しいことを言わず、それどころか、汚職増大の土壌を提供したのだ。

多くの軍人は、訓練をおろそかにし、不正蓄財に精を出した。当時、中央軍事委員会副主席の座にあった胡錦濤は、この様子に危機感を持ったからこそ、自らが主席になった際に軍を叩き直そうとしたのだ。

しかし、である。「歴史的転換」は、それまでと同じ表面的な粉飾でしかなかった。それまでも、白字でスローガンを書いた赤い横断幕を掲げたその前で陸上戦闘訓練を行っている写真などが報道されている。また、浮上した潜水艦から発射された魚雷が水面を跳ねていく写真が報道されたこともある。訓練としては全く意味のない行為だが、ただ単に、訓練していることをアピールするために、滑稽な写真を報道することになったのだ。

胡錦濤の指示を受けた各部隊は、こぞって、いかに実戦的な訓練をしたかをアピールしようとしたが、これも滑稽な訓練の様子を呈することになってしまった。いや、このときは滑稽では済まなかった。「実戦的」をアピールするために、怪我人が出るとは思えない訓練でも、怪我人を続出させたのだ。

結果として、胡錦濤は、「訓練は、実戦的でなければならないが、安全でもなければならない」と、指示を出し直さざるを得なくなった。人民解放軍では、訓練の質と安全を両立させることを「双贏（二つの勝利、ウィン・ウィンの意）」とも呼んだ。そして、二〇〇八年七月に「人民解放軍安全条例」が発布されるに至ったのである。

結局、胡錦濤は江沢民の影響から逃れることはできなかった。中央軍事委員会副主席の座には、依然、徐才厚が居座り、江沢民の影響力が残っていることを厳然と示していた。胡錦濤が軍内に影響力を及ぼすことは難しかったのである。

二〇一四年三月二一日、人民解放軍総参謀部は、中央軍事委員会が示した「軍事訓練の実戦化の水準を高めることに関する意見」を徹底させるため、「訓練をしっかりしてこそ強軍になる。実際に戦うためには先に実戦的な訓練が必要である」と通知を出した。

胡錦濤が掲げた「厳しい訓練を実施してこそ強軍になる」というスローガンと、同じ表現である。これは、習近平主席が進めようとすることが、胡錦濤が進めようとしたことと同様であるということを意味している。胡錦濤が達成できなかった「訓練の実戦化」をやり直すという意味なのである。

そして、人民解放軍の大規模演習が始まった。開始されたのは、徐才厚が党籍剝奪処分を受けた後の七月である。各軍種および大軍区の高級将校たちとはすでに手打ちもできている。習近平主席は、江沢民の影響を排除し、軍内をある程度掌握したからこそ、厳しい訓練を人民解放軍に強要することができるようになったとも言える。

結局のところ、胡錦濤前主席の努力は、江沢民派の影響力のために、実を結ぶことはなかった。人民解放軍は戦える軍隊にはならなかったのである。高級将校たちの多くは、汚職による蓄財に精を出し続けた。

これを変えようとしているのが習近平主席である。彼が、二〇一二年一二月に広州軍区において、「戦えるようにしろ、勝てるようにしろ」と号令したのは、人民解放軍を叩き直すという意味であった。

そう、「ノー」である第二の理由は、人民解放軍はまだ戦えないということだ。もちろん、武器を手にしているのであるから戦闘を行うことはできる。しかし、高度にネットワーク化したシステムとして近代戦を戦うことはできないのである。

近代戦を戦えなければ、中国人民解放軍の強みである「数」を活かすことも難しくなるかも知れない。欧米先進国は、限定された兵力を効率よく展開するために、行動の基になる情報と、実際に展開する仕組みを有している。自らの強点を活かせる戦闘様相を自ら作り出すためだ。

中国は、この部分が特に弱い。図体のでかい人民解放軍が情報に振り回されることになれば、貧弱なロジスティックスはすぐに破綻し、敵の思うような戦闘様相の中で戦うことになり、悲惨な結果を生むだろう。

習近平主席が「人民解放軍を叩き直す」のに、どの程度の時間を要するのかは明らかではない。いや、叩き直せるかどうかも明らかではない。

二〇一四年七月一六日に、李克強総理が国務院の監部会議で、「公務員は怠けている」と怒りを露にしたのは、党中央が指導しても、下は面従腹背、掛け声だけかけて実質的には何もしないからだ。

人民解放軍とて他の官僚機構と同様である。ただ、李克強総理が追い打ちをかけて喝を入れることができたのは、習近平指導部の権力掌握が効き始めていることを意味している。習近平指導部は、掌握した強力な権力を基盤として、これから改革を進めるのだ。

脅威は「意図」と「能力」によって形成されるのであるから、「中国指導部に戦争をする意図がなく、人民解放軍には能力がない」となると、「中国は脅威ではない」ということになる。これが、これまで述べた「ノー」である理由である。

しかし、この定理が活きるのは、厳密に言えば、米国に対してのみである。そして、日米同盟によって、中国に、「日中戦争即ち米中戦争」と信じられている日本に対しても適用される可能性が高い。

中国が、「新型大国関係」として、軍事衝突を避けるとしているのは、米中の間においてのみなのだ。その他の国々との間で軍事衝突を避けるとは言っていない。これが「イエス」でもあるという意味である。

中国でよく聞く言葉に「仕方がない」というものがある。以前、中国の大学生と違法コピーの問題について話したとき、「中国人にも、日本や米国が享受している文化的生活を享受する権利がある。しかし、金銭的に本物を買うことができないのだから、違法コピーは仕方ない」と言うのだ。この言葉を思い出したのは、中国の研究者と、南シナ海における中国とフィリピンやベトナムとの衝突について議論した際に、彼が「東南アジア諸国が中国の発展を妨げるのであれば仕方ない」と言ったからだ。

中国には大国意識がある。そして、これまで大国が世界情勢を作ってきたし、これからは中国も大国として国際秩序に影響を及ぼすのは当然だと考えている。こうした認識の下では、そうありたいという願望も含めて、ライバルと認識するのは米国だけだ。

もちろん、中国は、何が何でも周辺諸国と衝突したいと考えている訳ではない。できれば、衝突せずに、自己の目的を達成したいと考えているし、そのための外交努力も行っている。しかし、それでも、中国が「小国」と認識する国々が中国の邪魔をするのであれば「仕方ない」ということになりかねない。

米国の干渉を抑えるための軍事力

中国の軍事戦略は、中国が求める世界、すなわち、「米中二大国が、それぞれに自らの理想や権益を追求し、これらが衝突しても、相互に尊重し合って軍事衝突しない世界」を創出するためにある。もう少し極端に言えば、互いに干渉せずに、それぞれの利益を自由に追求できる情況を作り出すために、軍事力を利用するのだと言える。

米国に中国の活動を妨害させないためには、米国が中国に対して軍事力を行使しないという保証が必要である。米中戦略経済対話などの場で、「議論によって問題を解決する」ことを確認しつつ、中国は口約束だけでなく、実力でも米国の干渉を抑えようとする。

このために用いられるのが核抑止である。通常兵力では米軍に勝ち目はなくとも、核兵器による攻撃は、米国に受け入れ難いダメージを与えることができる。

だからこそ、中国は、大陸間弾道ミサイルの開発を継続している。二〇一三年一二月に、新型の大陸間弾道ミサイルであるDF-41の発射試験を成功させたのは、その証である。DF-41は、MIRV化（多弾頭化）されている。一発のミサイルで、より多くの核弾頭を運搬できるのだ。

そして、さらに使用のハードルの低い戦略兵器の開発も急ぐ。極超音速飛翔体である。大量破壊兵器である核兵器は、最終的な抑止の段階として必要不可欠であるが、極超音速飛翔体は、より緊張が低い段階でも抑止力になり得る。

米国が、中国のちょっとした実力行使に口出ししにくくなる可能性があるということである。こうして米国の干渉を抑え込む一方で、中国は、地域情勢を作り出すためにも軍事力が必要だと考えている。

中国の認識では、世界各地に軍事プレゼンスを展開し、地域の各国に圧力をかけられるのは米国のみである。中国は、この状態に危機感を抱いており、中国も世界各地に軍事プレゼンスを展開する能力を持たねばならないと考えている。

その最たるものが航空母艦である。正規空母であれば、搭載する戦闘爆撃機の行動半径でカバーされる範囲、すなわち半径一〇〇〇キロメートル以上に及ぶ範囲の経空脅威を、世界中のあらゆる地域に与えることができるのだ。

空母が動くということは、その展開している地点から半径一〇〇〇キロメートル以上の範囲に含まれるどの地点に対して、空からの攻撃が可能であることを示すことである。

中国が、訓練空母の運用も十分でないまま、すなわち空母の運用を理解しないまま、複数の新たな空母を建造しているのは、実際にシビアな戦闘に用いることを想定していないからだと考える他に、合理的な答えはない。

中国が、空母や駆逐艦、フリゲートなどの大型艦艇と、近海を防御するためのコルベットを同時に大量建造しているのは、海軍の近代化が目的であるのは当然だが、同時に、いますぐ空母戦闘群を保有する必要があると考えていることを示すものでもある。

米海軍と戦わないのに今すぐ必要なのは、中国の経済活動を守るための軍事プレゼンスを展開するために、空母戦闘群を利用することを考えているからだ。

そして、米海軍とは戦闘を行わなくとも、他の「小国」とは、「仕方がない」ときには戦闘も辞さないのであるから、まずは、他の「小国」の抵抗意欲を削ぐため、さらに必要があれば、それら「小国」との戦闘に勝利するために、空母戦闘群を展開するのだ。

米海軍以外の「小国」であれば、とりあえず、戦闘機を飛ばすことができ、ミサイルや艦砲を撃つことができる艦艇をそろえておけば、負けることはないと認識しているのだろう。

後は、軍人の教育訓練の問題、補給の問題などである。しかし、これが大問題なのだ。せっかく、近代化された武器装備品を装備しても、それを使う人間の練度が低ければ、装備品が全能発揮することはできない。

人民解放軍は、現段階で、未だ戦える状態にはない。二〇一四年七月から開始された人民解放軍の大規模演習は、習近平主席が人民解放軍を叩き直すための演習である。中国が「甲午戦争」と呼ぶ日清戦争から一二〇年という節目に、空港を発着する民間航空機を二五パーセント削減して実施される大規模演習は、日本を牽制するものだという分析もある。

確かに中国は、「人民解放軍は戦えない」とは言わないし、言えないだろう。大規模な演習を展開する理由として、日本は利用されるかも知れない。しかし、過去からの流れを見れば、人民解放軍が何を得ようとしているのかを理解できるはずだ。

江沢民の影響下で、胡錦濤前主席は、人民解放軍を戦える軍隊にすることはできなかった。二〇一二年一二月に、党中央軍事委員会主席となったばかりの習近平が「戦えるようにしろ、勝てるようにしろ」と号令できたのは、すでに江沢民の影響を排除できる目途が立っていたからだ。

当時、表面上は正常に退官した徐才厚は、拘束され事情聴取されていた。少なくとも、中国ではそう言われていた。中国で、皆がそう信じていたことが重要なのだ。人民解放軍の中でも、江沢民の影響が排除されると信じられていたということだからだ。

中国でも、大規模な演習などは、年初には計画が立てられている。元総後勤部副部長の谷俊山の実家が家宅捜索される様子が動画で配信された二〇一四年一月には、七月の大規模演習も計画されていたのだ。

そして、習近平主席は、四月には人民解放軍の各軍種と各大軍区の指導者たちに自分への忠誠を誓わせ、六月に徐才厚の党籍を剝奪した。人民解放軍の掌握がほぼ完成したということである。人民解放軍を掌握した上で、人民解放軍を叩き直すことに大々的に着手したのだと言える。これまでまともに組織的戦闘を訓練してこなかった人民解放軍にとっては試練となるだろう。

大規模な演習と言っても、最初から統合された演習ができるとは考えられない。それぞれの部隊が、個々に練度を高めるための訓練を繰り返し行うものだと考えるのが自然だ。人民解放軍は、もちろん、統合された行動ができるところまで練度を高めたいだろう。

中国では、何でも一気に高い目標を達成しようとする傾向にある。すぐにでも成果を出したいのだ。しかし拙速に過ぎれば、また、表面的な成果の粉飾のみで、実質的な練度の向上は望めない。ここに、大きな落とし穴がある。

第九章

日本を守るために

平時の自衛権に触れない集団的自衛権の議論

二〇一四年七月一日、安倍政権が、集団的自衛権行使を容認するための憲法解釈の見直しに関する閣議決定を行った。

閣議決定では、「我が国や我が国と密接な関係にある他国に対する武力攻撃」が発生し、国の存立や国民の権利が「根底から覆される明白な危険」がある場合、必要最小限度の武力を行使することは「自衛のための措置として、憲法上許容される」とされた。

「国の存立や国民の権利が根底から覆される明白な危険を排除するための自衛の措置」と謳うこ

の文言自体には誰も反対することはできないだろう。しかし、この文言だけでは、日本が何をどうしたいのかは見えてこない。

国際情勢や戦闘様相の変化を考えるとき、集団的自衛権の行使は認められて然るべきである。しかし、日本が集団的自衛権を行使するかどうかは、日本国民が自ら議論して決めなければならない。しかし、これまで行われてきた集団的自衛権の議論は、政府内でも社会でも、最も根源的な問題に触れていないように思われる。

テレビや新聞など、メディアの報道も、政府の議論の後追いをするだけで、問題の本質を追求しない。これでは、日本国民は何を議論して良いかわからないではないか。

本来、集団的自衛権の問題は、「平時の自衛権」の議論の先にあるものだ。「平時の自衛権」の問題とは、文字どおり、平時にも自衛権を行使すること、平時にも自衛隊を軍事力として行動させることに関する問題である。

日本では、これまで、厳格に有事と平時を区分してきた。自衛隊の武力行使を「有事における自衛権の行使」のみに制限するためである。有事であると認定され防衛出動が下令されて初めて、自衛権の行使が認められ、武力行使が可能になるのだ。

防衛出動を定めた自衛隊法第七十六条には、「我が国に対する外部からの武力攻撃が発生した事態又は武力攻撃が発生する明白な危険が切迫していると認められるに至った事態に際して、我が国を防衛するため必要があると認める場合」に自衛隊を出動させることができると規定している。

第七十六条が想定する有事の基準は、「他国から我が国に対する計画的かつ組織的な武力攻撃」が生じた場合である。自衛隊法だけでは読み取れない、この有事の基準は、法律によって定められているものではない。政府答弁である。政府が解釈を口にしただけのものなのだ。

日本は、自らに容易に自衛権を行使させないために、自衛権発動の三要件を定めた。政府答弁によると、（一）我が国に対する急迫不正の侵害がある、（二）これを排除するために他の適当な手段がない、（三）必要最小限の実力行使にとどまる、となっている。

そして、「急迫不正の侵害」とは何かについて、政府答弁は「我が国に対する武力攻撃が発生した場合」であり、かつ「他国による計画的、組織的な武力攻撃」としてきたのである。この解釈は五〇年以上も前に確立したものだ。

たとえ政府見解ではあっても、五〇年以上の長きにわたって、日本は、有事に至る以前は自衛権を行使しない、すなわち、自衛隊を軍隊として使用しない、としてきたのだ。これが、日本の共通認識になっていたと言っても良い。

しかし、共通認識とは言っても、日本人が明確に、何ができて何ができないのかを理解していたとは考えにくい。これまで、自衛権や自衛隊の問題を含む安全保障の議論は、日本では避けられてきた。特に、教育の場では、軍事や安全保障に触れることさえタブー視されてきた。

日本人は、何となく、「戦争をしない」「軍事力を使用しない」と思ってきたのだ。一方で、国連平和維持活動やアデン湾での海賊対処活動において、自衛隊が武器使用の根拠とできるのが「警察権」と「自然権（正当防衛）」しかないことを理解している人は少ないだろう。

また、二〇一二年九月に日本政府が尖閣諸島を購入して以降、中国公船の度重なる領海への侵入と中国の軍事力増強を伴う対日強硬姿勢から、尖閣諸島防衛のために自衛隊を出動させろという声も聴く。

しかし、「他国による計画的、組織的な武力攻撃」でなければ、自衛隊は、出動しても警察や海上保安庁と同様の行動しかできないということが明確に認識されているとは思えない。自衛隊は軍事組織であるので、武器装備品は警察や海上保安庁より強力である。

しかし、問題は武器の大小ではない。自衛権と警察権では、法的に対処できる事象や相手が異なるのである。警察権は、あくまで国内の治安維持が目的である。領土および領域の警備・防衛といった領域保全などは任務に含まれないのだ。

海上保安庁法第二十条は、「海上保安官及び海上保安官補の武器の使用については、警察官職務執行法第七条の規定を準用する」と規定している。警察官職務執行法第七条は、「警察官は、犯人の逮捕若しくは逃走の防止、自己若しくは他人に対する防護又は公務執行に対する抵抗の抑止のため必要であると認める相当な理由のある場合においては、その事態に応じ合理的に必要と判断される限度において、武器を使用することができる。但し、刑法第三十六条（正当防衛）若しくは同法第三十七条（緊急避難）に該当する場合又は左の各号の一に該当する場合を除いては、人に危害を与えてはならない」とする規定である。

警察官の武器使用は厳しく制限されているのだ。

また、海上保安庁法第二十五条は、「この法律のいかなる規定も海上保安庁又はその職員が軍隊として組織され、訓練され、又は軍隊の機能を営むことを認めるものとこれを解釈してはならない」と、明確に軍隊としての行動を排除している。

海上保安庁は、法律によって、領域警備はしないと明確に定めているのだ。しかし、現在、海上保安庁の船舶が、尖閣諸島周辺において、尖閣諸島付近の領海を警備しているように見える。実際、その必要があるから行動しているのであるが、理屈付けは苦しいものだ。

海上保安庁の任務は、海上保安庁法第二条に定められる「海上の安全及び治安の確保を図ること」である。この任務を遂行する巡視行動が、領海への侵入を試みる中国公船に対する随伴と、領海に侵入した後に行う警告につながっている。

その結果として、中国公船の常続的な領海への侵入を阻止し、これも結果的に、領域などの保全が達成されているに過ぎないのだ。

さらに問題なのは、警察権は、他国の国家機関や軍隊には及ばないということである。現在は、中国公船も海上保安庁の船舶と衝突する意図はなく、相互に間合いを計りながら行動しているが、中国公船が実力行使に出たら、警察権では対処できなくなる。

残るは「自然権（正当防衛）」である。相手にわざと銃撃などの攻撃をさせて、正当防衛を根拠に武器使用する、ということである。しかし、中国は馬鹿ではない。自分から攻撃すれば、自らの立場を悪くするだけだということを理解している。本気で尖閣諸島を奪取しようとするならば、別の手段を考えるだろう。

日本政府の憲法解釈変更にかかわるグレーゾーンの議論の中で、「武装漁民による尖閣上陸」

といった事例が議論されたが、これは厳密に言えば自衛権の問題ではない。警察権は、国家機関や軍隊には及ばないが、民間人は「入管法」に基づいて不法入国・不法上陸で対処される。

相手が武器を持っていようといまいと、民間人と認識されるのであれば、警察権で対処できる。犯罪者が武器を持っているからと言って、取り締まれませんと言う警察官はいないだろう。また、相手が警察や海上保安庁で対処できないほど強力な武器を所持している場合には、海上警備行動を発令して自衛隊を使用すればよい。

海上警備行動は軍事行動ではない。警察権に基づいて治安を維持するものである。海上警備行動は、自衛隊が行う警察活動なのだ。警察権で対処可能と考えられるのは、相手が軍人であったとしても、漁民などに扮している限り、軍隊として扱う必要はないからだ。

軍隊は、国家の統一された指揮の下に、識別し得る標識を有し、戦争法規を遵守しなければならない。これらの要件があるからこそ、国際法上、交戦権を有することができるのだ。武装していようといまいと、統一された制服や戦闘服を着用せず、どこの国の軍隊なのかを明確に表示していなければ、その時点で軍隊とは認められない。

問題は、中国公船が、強硬手段ではなく、「悪天候避泊」あるいは「船舶の故障」などを理由に、船舶を島に着けようとしたら、警察権でも自然権でも対処するのが困難になるということだ。救助あるいは故障復旧支援をすると申し出ても、拒否されれば手を出せない。

自衛隊が出て行っても、有事でなければ、海上保安庁と同様の行動しかとれない。現状では、日本は、こうした事象が生起した場合に対処する手段を有していないのだ。

「自衛権の行使」と言うと、すぐに、機関銃を撃ったり、ミサイルを飛ばしたり、というイメージを持たれがちだが、実際にはそのような事象ばかりではない。

軍事力は、自衛のため、公船でも海軍艦艇でも手出しができる。中国公船が、「悪天候避泊」や「船舶の故障」といった理由をつけても、中国公船が日本の領土に無許可で接岸することが日本の領土保全を脅かすと認識すれば、接岸以外の手段を用いることができるのだ。

例えば、中国公船の乗員を、強制的に護衛艦に避難させ、船舶を曳航して安全な海域、あるいは修理可能な港まで移動させるなどである。

また、グレーゾーンという呼称も不十分であるし、現に誤解を招いている部分もある。グレーゾーンがあたかも有事と平時に跨るかのような印象を持つ人も多い。しかし、グレーゾーンは、これまでの解釈によれば、あくまで平時なのだ。

有事ではないけれど、対処しなければならない事象が起こる範囲を指しているのだが、平時の中にもこうした線引きをすれば、必ずその線のわずかに外側に含まれるような事象が生起する。グレーゾーンは同一の色ではない。平時にあっても、全く何もない状態から有事に近い状態へとグラデーションがかかっているのだ。

そのどこに線を引こうと、必ず例外が出てくる。ましてや、事態を想定した「シナリオ」について議論したのでは、現実味のない机上の空論になる可能性がある。軍事の専門家以外の者だけで議論する危険性がここにある。

軍事の専門家、すなわち制服の自衛官を政策決定の場に用いないのでは、現実離れした議論が続くだけだ。制服の自衛官と言っても、現役の自衛官でなければならない。現実離れした議論で、その矛盾に苦しむのは、結局は、現場の指揮官である。

グレーゾーンの議論は、突き詰めて言えば、これまで平時とされていた事象に対して、自衛隊を軍隊として使用するかどうかという問題なのである。これは、五〇年以上、「他国から我が国に対する計画的かつ組織的な武力攻撃」以外では自衛権を行使しないという日本の共通認識を変えるということなのだ。

集団的自衛権の行使に関しても、有事と平時のいずれでも生起し得る事象に対処することになる。平時にも自衛権を行使できるとすれば、その事象が、日本の安全保障にどれほどの影響を及ぼすものなのかという合理的な判断に基づいて、自衛権行使の是非を議論できるようになる。

平時にも自衛権が行使できるという共通認識を持つことが根源的に重要なのであって、その上で、防衛出動の基準を再考しなければならない。

もちろん、日本国民が議論した結果、平時には自衛権を行使しないという結論が出ることもあり得る。それは、日本国民が下した結論として受け入れるべきだ。

一方で、「平時の自衛権」に関する議論抜きに、集団的自衛権の行使やグレーゾーンにおける自衛権の行使を認めれば、結局は、対処できない、あるいは対処してよいかどうか微妙な事象に対して、自衛隊の現場指揮官が、個々に判断を迫られることになる。

指揮官ごとに判断が異なる可能性があるのだ。判断が異なれば、とられる行動も違ってくる。これは危険な情況である。そして、指揮官の判断は、事後、その正否を判断されることになる。

国民の議論を経たとは言えない状況下で、国民が理解しないまま、自衛隊への期待だけが高まるのも危険な状態である。政府が将来、本来自衛隊ができないことを、あたかもできるかのように、理屈をつけて自衛隊を使用する可能性もある

自衛隊はまじめである。国民の期待があれば、それに何とか応えようとする。そもそも、自衛官は、日本を守りたいと思っているのだ。どのような理屈であれ、日本を守るための行動ができるのであれば、喜んで行動する。

しかし、国民のコンセンサスが得られておらず、法的な支持もないまま行動することは、国民が軍事力をコントロールするというシビリアン・コントロールを危うくさせる可能性もある。

日本の固有の議論ばかりを述べてきたが、自衛権の行使については、国連憲章第五十一条が次のように規定している。

「この憲章のいかなる規定も、国際連合加盟国に対して武力攻撃が発生した場合には、安全保障理事会が国際の平和及び安全の維持に必要な措置をとるまでの間、個別的又は集団的自衛の固有の権利を害するものではない。この自衛権の行使に当って加盟国がとった措置は、直ちに安全保障理事会に報告しなければならない。また、この措置は、安全保障理事会が国際の平和及び安全の維持または回復のために必要と認める行動をいつでもとるこの憲章に基く権能及び責任に対しては、いかなる影響も及ぼすものではない」

自衛権が、国家の固有の権利であることは、誰も否定しようがない。中国であっても、日本の自衛権を否定することはできない。

日本は、自らの自衛権について、議論を戦わせるべきだ。その様子は、メディアでも報道されるだろう。日本の考え方を、中国のみならず、外国にもしっかりと見せるべきなのではないか。そのことによって、諸外国に、疑念ではなく、客観的に日本を理解させるための材料を提供できるのだ。

自衛隊は戦えるのか？

自衛隊の能力は高い。戦闘においても、捜索救難においても、その他の任務においても、その極めて高い能力を発揮することができる。自衛隊の能力の高さを支えるのは自衛官たちである。自衛官は黙々と訓練し、任務に邁進する。

また、自衛隊が用いている武器装備品は、日本の技術力の高さを反映した高性能を誇る。中国が艦艇や航空機などの急速な近代化を進め、中国の武器装備品に関する技術力が間もなく追いつくという分析もある。

しかし、それは、装備品の外見しか見ていないか、単純にカタログ・データを信じているからだろう。外観は同様に見えても、その能力には大きな差があることもある。

例えば、同じカタログ・データを持つ舶用エンジンであっても、日本製のエンジンと他国のエンジンでは、全く異なるという評価を聞く。「回りが違う」と言うのだ。車のエンジンであっても、メーカーごとに性格が異なり、同じメーカーであっても一台一台の出来が違う。

Ｆ１やインディなどのレースにおいて、各チームが数台のエンジンを準備するのは、それぞれのエンジンの性能が異なる上、レーシングカーに搭載してみなければその車体との相性がわからないからだ。それほどに、高性能エンジンは繊細なのである。

海軍艦艇用のエンジンも、高い性能を要求される精密機械である。一基一基の性格も異なる。中には、故障を起こしやすいものもある。ただ、一般的に日本製船用エンジンは回りが良いと言われる。韓国海軍の軍人に、日本製エンジンの性能の良さは研磨技術の高さによるものだ、と聞かされたことがある。彼は、退役後、韓国造船企業の顧問をしている。

さらに直接戦闘に用いられる武器にも同様のことが言える。平らな板のように見えるフェーズド・アレイ・レーダーが上部構造物の四方向に装備されていると、イージス艦であるように見える。確かに、フェーズド・アレイ・レーダーは、イージス・システムを構成する重要な要素である。しかし、それだけではイージス・システムにはならないのだ。

イージス・システムは、レーダーなどのセンサー・システム、コンピュータおよびデータ・リンクなどの情報処理システム、スタンダード・ミサイルなどの攻撃システムを統合し、人間の判断を排除することによって、同時に一〇〇以上の目標を探知、追尾し、そのうちの一〇以上の目標を同時に攻撃することができる。

外観的特徴であるフェーズド・アレイ・レーダーは、イージス・システムの一部分でしかない。システムの本当に重要な鍵は、システムの統合にある。そして、システム統合は中国が一番弱い部分でもある。

システムのそれぞれの部分においてさえ、高度な技術とノウハウを必要とする。追尾から攻撃のためには、目標を攻撃システムに移管する必要があるが、一〇〇以上の目標の中から脅威度の高い目標から同時攻撃可能な十数個の目標を選別しなければならない。また、これら目標を攻撃するのに最適な武器を選定して、それぞれの目標に割り当てる。

さらに、一〇以上の目標に対して正確に攻撃するには、ミサイルなどをそれぞれの目標まで個々に誘導しなければならない。このためのシステムには、極めて高い技術とノウハウが必要とされる。イージス・システム内のこのシステムは、日本でも実現するのが難しい。

日本のイージス艦が用いているイルミネーターは、米国から輸入しているものだ。こうした技術やノウハウは、簡単にコピーできるものではない。

それらに加えて、艦艇や航空機といったビークルは、さらに大きなネットワークに統合されていく。日本や米国等が進めるネットワーク・セントリック・オペレーションである。米国のこうしたオペレーションに対抗できる国は、現在のところ、存在しない。

訓練の行き届いた能力の高い隊員と、米国との協同をとおして得られる最新技術によって支えられる装備とオペレーションがあれば、自衛隊が他国からの攻撃に対応できないはずがないように思われる。

確かに、自衛隊がその能力を発揮できれば、各種戦闘において勝利することができるだろう。しかし、その能力を発揮させるには、未だに問題が残っている。自衛隊の全能発揮を妨げる可能性があるものとは何なのか。

いくつかある問題の中の一つが、正面装備重視の考え方である。自衛隊の能力を語るとき、目に見えるのは艦艇や航空機といった正面装備である。自衛隊が保有する正面装備は、先端技術を用いた高性能なものである。それは同時に、それら装備品が非常に高価であることも意味している。

自衛隊は、その能力を向上させるため、高価な正面装備の取得に努めてきた。しかし、これら装備品が全能発揮するには、後方（ロジスティックス）が重要な鍵になる。日本は、この後方の部分を十分に配慮しない傾向にある。

例えば、海上自衛隊の艦艇に対する補給などの問題である。海上自衛隊は、「ひゅうが」「いせ」といった大型のヘリコプター空母を保有し、さらに大型の「いずも」を進水させた。

ヘリコプター搭載護衛艦（ＤＤＨ）を、あえてヘリコプター空母と呼んだのは、ヘリコプター運用能力が飛躍的に向上しているからだが、また、その船体形状がこれまでの護衛艦とは明らかに異なるからでもある。

船体の特徴の第一は、その大きさだろう。艦艇が入港して整備や補給を受ける際には、一般的に岸壁・桟橋に係留する。整備や補給の効率が良いからであるし、乗員が上陸するのにも都合が良いからだ。

岸壁・桟橋は、艦艇運用を支える基本的な基地機能であると言える。岸壁・桟橋に求められる最も基本的な要素は、強度、長さ、深さだ。この三つの要素を満足しなければ、物理的に艦艇を係留することができない。

「ひゅうが」型は、基準排水量一万三九五〇トン、満載排水量一万九〇〇〇トン、全長一九七メートル、幅三三メートル、喫水七メートルである。「ひゅうが」の定係港は横須賀であるが、同艦を運用するために、海上自衛隊は新たに逸見岸壁を整備した。

完成した逸見岸壁の規模は、長さ三九〇メートル、幅二八メートル（ヘリポートは五〇メートル×五〇メートルで、岸壁とヘリポートの共有部分がある）、水深一一メートルであり、横須賀地区での大型艦艇に対する係留施設不足の解消、物資の集積や搭載など、後方支援能力の向上を図ったとしている。

横須賀地区の別の岸壁・桟橋では、「ひゅうが」を係留するのに不十分だったということだ。それでも、岸壁の長さは三九〇メートルしか取れなかった。「ひゅうが」入港中は、横須賀地方総監部の真横に係留されているその威容を見ることができるが、その後方に別の護衛艦が係留されていることもある。誰が見ても、よくこの狭いところに押し込んだものだと感心するだろう。

しかし、これも「ひゅうが」だからできることだ。もし「いずも」を係留すると、一隻で逸見岸壁を占有することになる。「いずも」の全長は、「ひゅうが」級より五〇メートル以上長いのだ。「いずも」は、基準排水量一万九五〇〇トン、満載排水量二万四〇〇〇トン、全長二四八メートル、幅三八メートル、喫水七・三メートルにもなる巨大な艦だ。「ひゅうが」型以上に、係留場所に制約を受けることになる。

海上自衛隊が艦艇の母港として使用している基地で「いずも」を係留できる港はごく限られる。「いずも」の配属先はまだ明かされていないが、係留できる港がどこにあるかを考えれば、誰でも推測できる。笑い話のようだが、港湾の浚渫工事などの整備はまだまだ遅れているのが現状なのだ。

港湾の整備の中には、係留している際に艦艇に電気、水道、通信などを提供するための施設も含まれる。給電設備を用いて電力の供給を受けることを「陸電を取る」と言う。当然、ＤＤＨも自艦で発電することはできるが、燃料を消費してしまう。

陸電を取るとなると、大容量の電力を要することから、給電設備にも改修が必要になる可能性がある。また、現在の艦艇は、コンピュータと精密機械の塊であるため、極めて安定した電力を必要とする。陸上で一般に使用されている電力でもまだ不安定なのだ。そのため、艦艇は非常に高性能な発電機を装備している。従前の陸電を使用すると艦艇のシステムに悪影響を及ぼすため、この面でも給電設備の改修は必要とされるだろう。

自艦で発電すると燃料を消費すると述べたが、ＤＤＨに対する燃料補給も問題である。特に、「いずも」には、新たに、「他艦に対する給油機能」が付加されたといることから、「ひゅうが」型よりはるかに大きい艦船用燃料タンクを装備している。

また、一四機もの回転翼機（ヘリコプター）の搭載および運用を考慮していることから、航空燃料であるＪＰ−５用のタンクも巨大であろう。現在、海上自衛隊が運用する油船では一回の給油で燃料タンクを満タンにできず、油船を使って燃料補給を実施すると、油船が複数回往復して給油を実施しなければならないという事態が頻発するだろう。

意外に思われるかも知れないが、燃料補給を実施する際、（当該艦艇の装備などの条件にもよるが）貯油所に係留して燃料補給を行うより、油船から給油したほうが、効率が良いことがある。

いずれにしても、「いずも」の新たな「他艦への燃料補給」機能が、自艦の燃料補給に新たな問題を生じさせる可能性があることを考慮し、効率的な燃料補給の方法を考案しなければならないだろう。

もう一つ、問題になりそうなのが防舷物である。一見、大した問題ではなさそうに思えるが、ＤＤＨの係留には特殊な防舷物が必要であり、桟橋の長さ・強度および水深が十分であっても、それだけでは桟橋に付けることができないのだ。

特殊な防舷物が必要なのは、船体の大きさだけが原因ではない。ステルス性を考慮し、ＲＣＳ（レーダー断面積）低減を図ったために、船体が特別な形状になっているのだ。当然、ＤＤＨは船体も大きいので、特殊な形状をした巨大な防舷物が必要になるということである。

このような特殊な防舷物がどこの港にもあるはずはない。ＤＤＨの定係港には装備されているが、それ以外の港、例えば、商用港などに入ろうとすれば、防舷物は大きなスペースを使って自艦で輸送するか、別途、輸送しなければならないということだ。

そして、出入港には、タグボートが必要である。「ひゅうが」型は、新しい型の曳船を二隻用いるが、どの曳船でも良いという訳ではない。「ひゅうが」型が入港する際にはタグボートは左舷を押すが、以前使用していたタグボートでは、左舷の張り出しがマストに当たってしまったのだ。

そのため、曳船を改良してマストを起倒式にした。「ひゅうが」型を装備するに当たって、タグボートまで頭が回らなかったのだろう。さらに、船体が大きくなった「いずも」では、曳船二隻では不足かも知れない。

護衛艦を運用するために、港湾関連の施設だけでもまだまだ多くの予算を必要とする。これまで、正面装備を重視して、後方に予算が回らなかった状況を改善しなければ、艦艇に全能発揮させることは難しい。

そして、最大の問題は「人」の問題である。自衛隊のオペレーションは各自衛官の努力に頼り過ぎている。海上自衛隊の部隊は、限られた人員で、次から次へと付与される任務に対応している。

海上自衛隊の回転翼航空隊では、新たな任務が付与されるたびに、パイロットおよび航空士といった搭乗員と、整備員それぞれが新たな任務に対応するための訓練などを実施するが、それまでの任務や訓練が減る訳ではない。常にやるべきことが増え続けているのだ。一方で人員が増える訳ではない。

海上自衛隊回転翼の飛行作業の中で、最も負荷がかかっているのが航空士である。航空士は、整備員の位置づけではあるが、実際には航空機上でレーダーやソーナーを操作して目標を捜索・探知・識別・追尾を主任務とするセンサーマンである。

その中でも、彼らの最大の任務は、ソーナーを駆使して潜水艦を探知・識別・追尾し、攻撃を補佐することである。彼らの能力はずば抜けている。彼らは、音を聴くだけで、潜水艦の方位・距離を正確に探知するだけでなく、潜水艦の体勢まで明らかにする。

彼らの耳は訓練によって極限までその能力を高められているのだ。彼らの仕事は、対潜戦においてだけでも、非常に多い。回転翼機の対潜戦は、センサーマンにかかっていると言っても過言ではない。彼らは、回転翼機が情報収集を実施する際には、写真撮影も行う。さらに、捜索救難任務の際には、ホイスト（遭難者を水面から吊り上げる装置）を操作して遭難者を救助する。

センサーマンという名称はＳＭと略されるが、ＳＭはスーパーマンのことだとよく言っていたものだ。どのような任務を遂行するにしても、彼ら抜きでは任務を成功させることはできない。その分、センサーマンには大きな負荷がかかっていた。

彼らが訓練すべき事項は多く、そのどれもが非常に高い技術を必要とするものだった。それにもかかわらず、回転翼哨戒機には、さらに新たな任務が付与されていった。例えば、洋上で捜索救難を実施する際に、人員が海面に降りて遭難者を救助することである。

回転翼部隊は、センサーマンを海中に降ろすことに反対だった。自衛官の身体能力が高いとは言え、彼らは海中での活動に関する特別な訓練を受けていた訳ではない。さらに、水に入ることによって彼らの耳に影響が出ることも心配した。

しかし、結局、新たに人員が配置されることもなく、センサーマンが自ら海中に入って遭難者を救助する役目を負うことになった。彼らは、それまでも十分に多かった訓練に、さらに過酷な訓練を加えなければならなかった。

さらに、ソマリア沖での海賊対処に海上自衛隊の部隊が派遣されることになったとき、回転翼機には機関銃が装備されていた。しかし、この機関銃を誰が操作するのかは、やはり問題だった。

機関銃を撃つときには大きな音がする。やはり、耳に悪いのだ。

さらに、機関銃の取り扱いや射撃の訓練を重ねなければならない。やはり新たな人員が配置されず、彼らが射手にならねばならないと決まって以降、私が司令を務めた第二一航空隊（二一空）のセンサーマンたちは文句も言わず訓練を重ねた。

訓練しなければならない項目があまりに増加したため、彼らの養成はさらに難しくなった。それでも彼らは、全ての任務に対応するようになったのだ。回転翼機のセンサーマンは、正に、スーパーマンだった。

機上では、パイロットとセンサーマンが協力して任務を行う。新しい任務には、新しい飛行パターンが必要になる。パイロットの養成も常に問題だった。二一空では、パイロットたちに十分な訓練をさせることが難しくなっていたのだ。ソマリア沖の海賊対処などの任務で、長期にわたって航空機を派出する。その間にも、他の護衛艦が行動するときには、常に回転翼機を搭載する。

部隊に十分な航空機が残らないのだ。訓練が必要なパイロットを搭載から外し、地上に残しても、航空機がなくて十分に訓練できない状況もあった。任務を増やしても、人員にしても航空機にしても手当てがされていなかったのだ。

さらに、航空機の運用を支えているのは整備員である。大規模整備を行う整備補給隊の他、各航空隊の中に、日々のライン作業を行う列線整備隊がある。列線整備隊は、毎日の飛行作業のための飛行前後点検や、航空機を格納庫からエプロン（駐機場）のスポットに移動させる作業、航空機がエンジンを回して滑走路へ向かうまでの誘導などを行うシグナルマンとしての作業など、携わる作業は極めて多い。

その上、飛行作業の合間に、航空機の整備作業を行う。与えられる任務が増えれば訓練所要も増える。航空隊では、朝から夜間まで飛行作業を繰り返す。列線整備員は、全ての飛行作業に対応しなければならない。例えば、朝八時からの飛行作業であれば、朝六時には作業を開始し、飛行前点検を実施して定められたスポットに航空機を牽引して、パイロットとセンサーマンが時間通りに飛行前点検を開始できるように準備しておく。

飛行後も、列線整備員は、搭乗員が降りた後の航空機の点検を行い、格納庫に牽引する。彼らの作業なくして飛行作業は成り立たない。しかし、二一空の列線整備員は常に低充足率に悩んでいた。朝早く作業を開始しても、夜遅くまで仕事をしても、列線整備員を休ませることができなかったのだ。

飛行作業は週末にも行われる。部隊指揮官にとって、隊員につらい思いをさせることほどつらいことはない。それでも、任務は第一なのだ。若い隊員たちが、文句も言わず努力すればするほど、指揮官は何とかしてやりたくても何もできないジレンマに陥る。

また、現在は全て東京消防庁が対応しているが、以前は、夜間および悪天候時の伊豆七島の急患輸送は海上自衛隊に依頼された。当時は、主として第一〇一航空隊がこの任務に当たっていた。東京都災害対策本部から電話が入るのは、飛行するのに条件が悪いときばかりだ。

夜中であっても急患輸送などの事態に対応できるよう、各航空隊は応急待機を付けている。中でも真っ先に飛び出してくるのは、隊内居住している若い整備員たちだ。彼らは、人を助ける仕事をしていることに誇りを持っていた。

海上自衛隊の各部隊は、夜中でも当直員がいる。当直室に泊まり込むのは、当直士官（幹部）、当直海曹（下士官）、当直海士である。女性自衛官であっても当直につく。女性自衛官は、就寝する際には別室で休むのだが、夜中に応急出動要請の電話が鳴ると（音が違う）、就寝しているままの姿で飛び出してきて電話に出る者もいた。

何時間か後（たいていは夜が明けかけているが）、応急出動が集結して、彼女に「当直室に出て来るときには制服を着てからにしてくれ」と言ったが、「当直士官も当直海曹も電話に出るのが遅いからです」と叱られてしまった。

しかし、本当にすごい勢いで飛び出して来たのだ。彼女には、苦しんでいる急患を一刻も早く救うことしか頭になかったのである。

彼らと一緒に勤務できたことをいまでも誇りに思っているし、感謝している。しかし、いくら感謝しても彼らの苦境を救うことはできないのだ。

安倍首相は、靖国神社に参拝した際、「国のために亡くなった方々に尊崇の念を表したい」と述べた。国のために亡くなった方々に尊崇の念を示すことは、日本人として忘れてはならないことだ。

しかし、日本政府には、いままさに、「事に臨んでは身の危険を顧みず」と宣誓し、苦しい状況の中で努力している自衛官にも尊崇の念を示し、具体的政策を以て彼らに報いてもらいたい。

また、自衛官が殉職しても、残された家族に十分な保護がされているとは言えない。自衛官が殉職した際、残された家族に支給される手当てが少ないのだ。愛する家族を失った悲しみには比べるべくもない問題かも知れないが、現実には生活の糧が必要である。

特に、小さな子どものいる家庭では、子どもに十分な教育を受けさせることも難しくなる。自衛隊には、訓練でさえ危険を伴う職種も多い。部隊では、殉職であっても事故であっても、万が一の際、残された家族が困らないよう、隊員に生命保険に加入することを勧める。

自分たちで家族を守れ、ということだ。自衛隊のオペレーションは、こうした自衛官の努力に過度に依存して成り立っている。国のために危険で過酷な任務を遂行する自衛官に対して、国は尊崇の念を示し、彼らの負担を軽減し、万が一の際に家族を保護する具体的な政策をとるべきだと思う。

問題はまだある。法的側面である。「平時」において自衛隊が行動する際の武器使用の根拠は、警察権あるいは自然権（正当防衛）しかない。平時に部隊で行動し、指揮官の命に従って隊員が発砲して相手に危害を加えたとしても、その行為が適切だったかどうかを判断するのは、刑法しかない。

例え、命令に従った結果だとしても、引き金を引いた本人が、殺人罪あるいは傷害罪で裁かれる可能性があるのだ。軍隊としての行動ではないので、命令した指揮官は責任を取ることができない。せいぜい殺人教唆といったところだ。

指揮官として、自らの命令の責任を取れないことほど耐え難いことはない。「自衛隊は軍隊ではない」というレトリックが招いた結果である。部隊指揮などあったものではない。

自衛官は、こうしたリスクも承知の上で任務を遂行している。実際にそうした事象があれば、何か理屈をつけて隊員の責任を回避しようとするだろう。しかし、根本的な解決にはなっていない。

さらに、自衛隊には法務官が存在するが、組織としては極めて弱い。法務官の人数も少なければ、権限もない。自衛隊の中でも、これは国際法違反の状態だと言う者もいる。ここで言う国際法とは、ジュネーブ諸条約第一追加議定書のことである。

この第八十二条は、「締約国はいつでも、また、紛争当事者は武力紛争の際に、諸条約及びこの議定書の適用並びにその適用について軍隊に与えられる適当な指示に関して軍隊の適当な地位の指揮官に助言する法律顧問を必要な場合に利用することができるようにする」ことを義務付けている。

各国軍は、弁護士資格を有するか、あるいは大学などで法律に関する専門教育を受けた制服の法律顧問を数多く有している。しかし、自衛隊の法務官は数も極めて少なく、甚だしきは、法律に関する教育も職も経験したことのない隊員が法務官になることさえある。

自衛隊の活動が海外にも及ぶ現在、ジュネーブ条約や国際人道法などに則った行動をとるためには、弁護士資格を有するか大学などで法律の教育を受けた法務官の増員と、その地位の向上が不可欠である。

実際に戦闘を行うことを考慮すれば、補給も重要な問題である。南西諸島で作戦行動を展開する際には、補給を沖縄で実施するのが合理的だ。しかし、いつ起こるかわからない、いや起こるかどうかわからない事象のために、沖縄にそのような能力を備えてもらわなければならない。

ここに述べてきた問題を解決するためには、多額の予算的措置が必要になる。正面装備やオペレーションの表面だけを見るのではなく、自衛隊のオペレーションを支える部分にしっかりと予算手当をしなければ、せっかく高い能力を有する自衛隊に全能発揮させることができず、局所的な短期の戦闘には勝利できても、戦争には勝利できないという事態を招きかねない。

自衛隊を軍事力として使用しようとすれば、まだまだ予算を増額しなければならない。一方で、米国と同等の能力を持つ必要はない。種々の制限の中で、日本が必要とする仕組みを構築するために、アイデアが必要とされている。

平時の自衛権の課題はまだある。現在の米軍では、艦艇、航空機および車両は、ネットワークの中の一つ一つの端末に過ぎない。米軍が運用する全てのビークルを、衛星等も用いて結ぶことによってネットワークを形成し、情報をリアルタイムで共有するとともに、ネットワーク内の最適な武器を選択し使用する。C5ISRと言われる所以である。

これを、中国が開発を進める極超音速飛翔体を撃墜するためにも進化させようというのだ。最も有望なのがイージス艦である。日米のイージス艦をつないでネットワークを形成する。いずれかのイージス艦が飛翔体を探知する。低空を極超音速で滑空していれば、イージス艦といえども、探知したときにはすでに攻撃には手遅れである。

しかし、探知情報はリアルタイムで全てのイージス艦に共有される。次に別のイージス艦が探知すれば、より正確な飛翔体の飛行諸元を得ることができる。この飛行諸元を用いてネットワークが判断し、攻撃に最適なイージス艦を選び、攻撃諸元を与えて自動的に攻撃させる。探知が多ければ多いほど、攻撃精度は増すだろう。

この探知から攻撃までの一連の行動は、極短時間のうちに起こる。ここに、人間が判断する余地はない。ネットワークの決定によって攻撃するのだ。

ＳＦ映画の近未来の戦争のようだが、実際に開発が進んでいる。人の意思決定を待ったのでは対応できない兵器の登場は、日米同盟の在り方をも変えるだろう。海上自衛隊のイージス艦は、米軍のネットワークに組み込まれ、そのネットワークの意志によって、自動的に攻撃する可能性もあるのだ。

一つ一つの事象に対して自衛権を行使できるのかどうかを判断している時間はない。集団的自衛権の議論をはるかに超えた次元の対処が要求されることになる。

中国の極超音速飛翔体が実戦配備されれば、国際社会における抑止のバランスに変化をもたらし、各国の安全保障協力関係にも変化をもたらす可能性がある兵器である。こうした意味から、極超音速飛翔体は、国際関係におけるゲームチェンジャーとなり得るのだ。

自衛隊は、平時にも軍隊として行動できなければ、これに対処できない。有事認定を待つなどと悠長なことは言っていられない。平時に自衛権を行使すべきかどうかの国民的議論は、避けて通れないのである。

自ら考え議論しなければならない

安全保障と言うと、すぐに伝統的安全保障、すなわち軍事力を以てする国の防衛をイメージしがちであるが、国の安全を保つのは軍事力だけではない。

だからといって、平時には軍隊が必要でないという訳ではない。各国は、自国軍の存在を示しておくことで、初めて外交が展開できる。お互いに、武力を以て問題を解決しようとすれば、自国のダメージが大きいと認識すればこそ、まず、議論によって問題を解決しようとするのだ。

そして、戦争による自国のダメージよりも、戦争によって得られるものが大きいと考えれば、戦争を起こすインセンティブが生まれる。それゆえ、各国は、他国が自国に対して軍事攻撃をしかけるハードルを高めるために、自国の軍事力を強力にしておく必要があるのだ。

各国とも、戦争を起こせば自国がダメージを被ることを理解している。このダメージが高くなればなるほど、戦争という手段をとりにくくなる。これが、他国が自国に対する軍事攻撃を思いとどまらせる抑止になるのである。

一方で、自国にダメージを与える戦争を避けつつ、自国の国益を追求するため、各国は外交努力をしている。自国の安全を保障するためには、軍事力と外交努力の両方が必要なのだ。現在、国家の安全保障は幅広い概念で捉えられることが多い。

エネルギー安全保障や食糧安全保障といった言葉は、最近ではなじみ深いものになった。また、伝統的安全保障を担う軍隊の主要な任務の一つがＨＡ／ＤＲ（人道支援・災害救援）になっている。

そして、自国の安全を保障するためには、まず、自国が守るべきものが何であるのかを考えなければならない。伝統的安全保障において、守るべきものは、領土、国民、主権、であるとされる。さらに、自国民が豊かな生活を営むことも重要になっている。

そして、豊かな生活を支えているのが世界中に展開される経済活動である。それゆえ、米国などは、世界中に展開している米国の経済活動を保護するためにも、自衛権を発動する。米国は、経済活動だけでなく、世界中にいる米国人が危険にさらされた際にも、自衛権を発動する。軍隊を利用するということである。自国の安全を保障する必要があるのは各国とも同様であるが、どのような手段によるかは、国によって考え方が異なる。

この考え方は、外交政策、対外的な態度にも影響を及ぼす。国の風格とも言える。国際社会の中で、どのような国として存在していくのか、ということだ。

日本は、現在、中国や韓国から、「右傾化している」あるいは「軍国主義化している」と非難されている。日本が、安全保障に関する憲法解釈を変更し、安全保障政策を変えようとしているからだ。

しかし、それだけでは「右傾化」「軍国主義化」にはつながらない。日本の意図に疑念を表しているのだ。そこには、故意に日本の意図を曲解する部分もあるが、それだけではない。

もちろん、国家間関係は、相互関係である。日本国民が安全保障政策を変えようとしているのは、日本人が、中国が日本に脅威を及ぼそうとしているると感じているからだ。しかし、日本人は中国の脅威をイメージでしか捉えていないように思われる。

日本人の中には、中国の事情を理解しないまま中国脅威論に振り回され、強硬な主張をする者はいないだろうか。

まさか、中国や韓国の一部の者たちと同様に、自らの境遇に対する不満を「反中」「反韓」で晴らすような日本人がいるとは信じられないが、自ら相手を理解する努力をしなければ、正確な対処はできないはずだ。

そして、軍事力によって安全を保障するためには、金がかかることを理解しなければならない。自衛隊を軍隊として使用するためには、まだまだ必要とされるコストがあるのだ。現在の日本には、医療問題や介護問題、若年層の職や収入の問題など、解決しなければならない問題が多くあり、それらにもまだまだコストがかかるだろう。

欧米諸国は軍事費を削減する方向にある。日本も、これ以上の防衛費を支出すれば、他の分野にしわ寄せが行く。自国の経済状況は、自国の安全保障の在り方を決める上で重要な要素なのだ。もちろん、日本人が、自らの生活水準を下げても軍備増強を図らなければならないという覚悟を決めるのであれば、日本はそうした方向に向かうのだ。

ただし、少なくとも財務省は防衛予算を増加させるつもりはないようだ。二〇一三年末に決定された中期防衛力整備計画では、軍備増強の部分ばかりが取り上げられたが、予算はこれについてこない。

一般的にあまり認識されていないようだが、同じ中期防衛力整備計画の中には、調達コストを七〇〇〇億円節約することが明記されている。

この中期防衛力整備計画の中では、イージス艦二隻を含む多くの装備品の純増が謳われている。イージス艦一隻が約一五〇〇億円とすると、イージス艦だけで三〇〇〇億円増加させなければならない。しかし、実際には、調達予算は七〇〇〇億円の節約によって確保せよと言うのだ。実際に装備を担当する自衛官たちにとっては、実質的な予算削減と映るだろう。

すでに、各自衛隊は頭を抱えている。勢いの良いことだけ言って予算手当をしなければ、苦しむのはやはり自衛隊なのである。

簡単に戦闘行為が行えるような錯覚に基づいて勢いの良いことを言うのは無責任だ。軍事の現実を理解しないから、あるいは自分がそこに巻き込まれることがないと思うから言えるのだとしか思えない。

安全保障は軍事力だけでするものではない。国の全ての機能を動員して行うものだ。現在、中国指導部が日本との決定的な対立を避け、尖閣諸島に関して実力行使する意図がないのは、簡単に言えば、日中の軍事衝突が中国に与えるダメージが大きいことと、日本との良好な経済関係を必要としているからである。

自衛隊の能力の高さと日米同盟が日本の軍事力を支え、中国もそのことをよく承知している。一方で、中国は、今後展開しなければならない経済改革においても日本からの直接投資を必要としている。これまで各地方政府も、土地開発によって成長を支えてきたが、すでに限界を迎えている。

今後、中国は開発した部分をいかに利用するかが問題になる。中に何を入れるかを考えずに乱開発を進めたツケが回ってきたのだ。必要とするのは技術を伴った投資である。中国の人件費はいまや決して安くない。これまでのような単なる下請け製造業だけでは経済成長は望めない。

現在に至るまで、中国にはグローバル企業が存在しない。グローバル企業が成長しなければ、中国が「世界の下請け工場」から抜け出すことはできない。しかし、人件費の高騰などによって、下請け工場でいることすら難しくなってきている。

中国にグローバル企業が生まれれば、韓国のサムスンのように、日本企業の強力なライバルになるだろう。しかし、中国の経済成長が続けば、同時に日本企業にとってのチャンスも多くなる。一方で、グローバル企業が生まれなければ、中国の経済は失速する。まだ多くの人が豊かになっていない段階で経済が失速すれば、中国の社会は不安定さを増すことになる。

日中関係が悪化して企業の口は重くなったようだが、多くの日本企業が、現在でも、中国で莫大な利益を上げている。これから、中国に大きな投資をしようという企業もある。普通に考えても、多くの企業は、中国の市場を無視することはできないだろう。

中国の経済が継続して発展することは、日本の経済にとってもプラスだということだ。中国は、政治的には日中関係が悪化しても、日中経済関係だけは政治と切り離そうとしている。

二〇一四年五月に中国の青島で開かれたＡＰＥＣ貿易担当大臣会合において、茂木敏充経済産業大臣が高虎城商務部長と、二〇一三年末の安倍首相靖国参拝以降初となる日中閣僚会談を行ったが、これは中国商務部からの働きかけによるものだった。

日本では、こうした動きは、すぐに「日中関係改善の兆し」などと騒がれがちだが、「関係」の中にはさまざまな分野が含まれ、それぞれに異なる様相を見せることを理解すべきである。

政治面では、尖閣問題を「領土問題」「歴史問題」と位置付ける中国にとって、現状では安倍首相と関係改善を議論することすら難しい。しかし、経済面では、日本との協力を進めたいと考えている。

日本は、こうした状況を考慮して、日本の国益にかなう安全保障政策をとらなければならない。中国が日本の安全を脅かす意図を持たないようにさせるには、軍事力の維持と、中国との経済関係を含む経済発展の双方を同時に実行することが大切なのだ。

また、軍事力を誇示する必要はない。軍事力の誇示は、他国からは挑発と捉えられやすい。それは、中国の軍事力増強を目の当たりにして脅威だと感じている日本はよく理解しているはずだ。誇示しなくとも、中国は日本の軍事力、自衛隊の能力をよく理解している。軍隊は最悪の事態に備えるものである。他国軍に関する情報収集は常日頃から行っているのだ。

また、日本が軍事力増強を誇示しても中国に対する抑止にはならない。かえって、中国国内の強硬派に、日本批判の口実を与え、中国指導部に対する圧力を強めさせるだけである。

中国指導部の権威が落ちて困るのは中国指導部だけではない。中国国内が混乱に陥れば、日本にとっても大打撃になる。

経済的に打撃を受けるというだけではない。現在、中国には、好むと好まざるとにかかわらず、共産党以外に統治能力を有する組織は存在しない。中国共産党の統治が崩れれば中国国内は間違いなく混乱する。各地方のボスは、実力で自らの利権を守ろうとするだろう。

そして、大量の避難民が日本にも押し寄せてくる。日本は、外国人を観光客として利用することには積極的だが、日本国内に居住させることには極めて消極的である。

しかし、いくら外国人に排他的な日本であっても、国際社会から人道的問題として非難されれば、受け入れざるを得なくなる可能性が高い。また、物理的にも、大量の避難民を追い返すことは難しい。

こうした状況を受け入れる覚悟もなしに、単純に中国共産党が倒れれば良いというのでは、無責任であるばかりでなく、自らの危機を察知する能力に欠けると言わざるを得ない。

安全保障は、好き嫌いや情念で語ってはならない。冷徹なまでに、日本の国益のために、何をどのように利用するのかを考えなければならない。

そのためには、まず国際関係や複雑な各国内の状況を理解する努力が必要である。それと同時に、日本国内の安全保障に関する状況も知らねばならない。そして、日本が何を守りたいのかに基づいて、何を利用すればそれを達成できるのかを考えなければならないのだ。

日本には、これまでも日本を守ってきた自衛隊がある。自衛官はまじめで文句を言わない。無理難題を言われても、黙々と努力を続けている。

三〇年以上前には、自衛官は、街中で制服に火をつけられたり石を投げられたりもした。「税金泥棒」と罵声を浴びせられたことも少なくない。

それでも自衛官は文句も言わず、自分たちの存在が日本の安全保障を支えているという信念を持って努力を続けてきた。自衛隊が、戦後、一度たりとも実戦で発砲したことがないことは、誇るべきことである。日本が戦争状態に陥らないために、自衛隊は機能し続けてきたのだ。

一方で、寡黙な自衛隊は、国民が軍事の現実を知る機会を与えてこなかった。国民が「戦闘は簡単に行える」という錯覚を持つのは危険なのだ。

日本が安全保障の根源的な考え方を変えようとしている現在、唯一、軍事の現実を理解している現役の軍人、日本で言えば自衛官は、政策決定過程に直接関与し、国民に対しても説明責任を負うべきである。

国民が状況を理解しなければ、日本の安全保障の在り方を議論することもできない。国民が議論するというのは、間接的民主主義をとる日本にあっては、国会の場で議論するということである。国権の最高機関は国会なのである。それは、国会議員が日本国民から直接選挙で選ばれるからだ。

内閣は、議院内閣制の仕組みによって、国会から行政を任されているに過ぎない。国民は、すなわち国会は、常に内閣を監視して、国民の意に反する政策がとられないようにしなければならない。

国を守る方法は一つではない。例えば、シンガポールは自らを小国と認識して全方位外交を展開することによって、自国の安全を確保している。ASEAN内で影響力を発揮したいときには米国を巻き込み、一方で、中国国内で軍事演習を行うなど、中国との密接な関係も維持する。

しかし、シンガポール人が自らを卑下することはない。彼らはシンガポールを誇りに思っている。それは、国も国民も経済的に豊かだからだ。彼らの価値観では、大切なのは平和で裕福な生活である。

シンガポール軍は近代兵器を備えた精鋭であるが、軍人たちは第二の人生も大切にする。シンガポール軍では、四〇歳そこそこで将軍になって、退役する。早く退役するのは、それから金儲けの人生を始めるからだ。

こうしたことは、シンガポールがPAP（国民行動党）による一党統治国家だからできたことかも知れない。シンガポールは、民主主義の形態をとっているが、実質的にはPAP以外の政党が選挙に勝てないような仕組みになっていた。さらに、国家にとって不都合な者は、国外退去させられる。

シンガポールでは、国民の活動は徹底的に監視される。シンガポール国立大学の教授などは、「盗聴されているから研究室では自由に話はできない」と言っていた。しかし、国民は皆、経済的に恵まれているのだ。

シンガポールの日本大使館で勤務したある外交官は、シンガポールのことを「明るく豊かな北朝鮮」と呼んだ。実は、改革開放政策によって、シンガポールのような国づくりを目指していたと思われるのが、鄧小平である。彼は、シンガポールの指導者であったリー・クワンユーと密かに会見を繰り返していた。

しかし、日本は一党独裁国家ではない。日本国民は、自ら考え議論しなければならない。日本人が何を求めるのかが決まれば、守るものが決まる。それを達成するためにはどのような行動が必要なのかを考えれば、日本の安全保障政策は決まってくる。

幸い日本には、軍事力も経済力もある。これらの組み合わせは幾とおりもあるが、日本国民が守りたいと思うものを守るには十分な効果を発揮するだろう。後は、日本人が何を守りたいと考え、どのような風格の国であるべきだと考えるかによって外交政策が決まっていく。

おわりに

現在の日中関係を見るとき、絶望と希望が入り混じる。日中間で起こるそれぞれの事象は、あたかも日中間で軍事衝突が起こるかのような印象を与えたり、日中間で関係改善の動きが進んでいるかのような印象を与えたりする。

しかし、一つ一つの事象の表層だけを見て、中国の意図を理解したと考えるのは危険だ。目に見える表層だけを見ていたのでは、中国の意図は理解できない。そして、意図を理解できなければ、対処を誤る可能性がある。

日中関係は、現在、尖閣諸島の領有を巡って対立している。中国は、日本政府による尖閣諸島購入後、安倍首相の言動や日本の安全保障政策の転換を、日本軍国主義化という大きなストーリーの中に位置づけて非難し、日本も中国に対する不信を隠そうとしない。

恐ろしいのは、このような状況にある日中関係にあって、自衛隊と中国人民解放軍の間に、信頼関係も経験もないことである。両国の軍事力が、不信に満ちて対峙し、危機管理メカニズムもないとすれば、両国とも望まない軍事衝突とそのエスカレートが起こる可能性が高くなる。

中国人民解放軍の近代化の速度は極めて速い。中国は、軍事力を行使して自国の意図を実現する能力をつけつつあると言える。意図を誤解すれば、軍事的脅威があるのに準備を怠ったり、必要のない軍事衝突につながる行動をとったりする可能性もある。

正しく対処するためには、生起する事象を、中国の大きな戦略の中で捉えなければならない。それぞれの事象は、それが生起する原因を有している。その原因は、なかなか目に見えない。しかし、この見えない部分が、実は対外政策に重要な影響を及ぼしている。

しかも、見えないでは済まされない。日本は、中国の意図を理解する努力を続けなければならない。日本は、中国との地理的位置を変えることはできない。日中両国は、相手の影響を避け難く受け続けるのだ。

特に、中国が軍事力をどう使用するのかは、日本にとって大きな問題である。現在のところ、中国に対日戦争をしかける意図は見られない。さらに、米国との戦争は何があっても避けようとするだろう。中国は米国に勝てないからだ。

しかし、中国の軍事力は、米国以外の国にとっては、十分な脅威になり得る。中国は、世界各地で自らに有利な地域情勢を作り出すために、その軍事プレゼンスを示そうとしている。そして、その行動を邪魔させないために、米国を抑止しようとするのだ。

そのための核兵器であり、極超音速飛翔体など、新たな戦略兵器の開発なのだ。現在の中国が目指すのは、米国との対立的共存である。互いの利益が対立しても軍事衝突に至らない関係こそが、中国が米国に求める「新型大国関係」の現在の意味である。

「現在の」と言うのは、中国が求める内容が、状況によって変化するからである。現に、中国は、米国に求める「新型大国関係」の意味を微妙に変化させている。二〇一三年六月の米中首脳会談で、米中間の対立は回避できないと判断したからだ。

中国の戦略が根本的に変化するのは、中国自身が、中国の軍事力が米国のそれを圧倒できると考えたときだろう。中国の戦略は、当面の間、根本的に転換することはないという意味でもある。

では、日本は、どう中国に対処すればよいのだろう。中国との戦争を積極的に求めるというのは論外であるにしても、中国と軍拡競争を展開すべきなのだろうか。

そうとは思えない。中国の軍備増強の速度はあまりに速い。これと競争すれば、日本経済の疲弊は避けられない。では、中国の軍事力の前に屈する時を待つのだろうか。いや、それも違う。

中国の軍事戦略は、中国の世界各地における経済活動のためにある。中国が経済活動を拡大し、経済発展を必要とするのは、中国共産党が長期にわたって安定した統治を続けるためである。

中国が日本に対して強硬な実力行使を仕掛けてこなかったのは、経済的な理由もある。政治と経済を切り分けようとしてきたのだ。現状は、政治と経済の分離を簡単には許さない。それでも、日本の技術移転を伴う投資は、中国の経済改革にとっては必要なものである。

日本が経済発展を続けることが、中国に、日本と対立するよりも協力した方が得だと思わせることになるのだ。日本は、経済発展を続けることにより、中国が日本との軍事衝突によって得られる利得を相対的に下げることができるのではないだろうか。

ただ、中国国内も一枚岩ではない。習近平指導部が進める改革は、既得権益を有する集団にとっては痛みを伴うものだ。中国国内では、まだ波乱が起こる可能性もある。それはまた、対外政策にも影響する。

しかし、日中関係について悲観する必要はない。日中関係は、普通の国同士の関係に向かいつつあるのだから。隣接する国同士、問題があることは決して特別なことではない。むしろ、「友好」だけを強調してきた過去の日中関係が特別だったのだ。

日中間には、今後も問題が生起するだろう。しかし、表に見える事象だけに囚われて、中国の意図を見誤っては、自ら「脅威」を作り出すことにもなってしまう。見えない部分を理解する努力こそ、事象の本質をあぶり出し、適切な対処を可能にする根源である。

一方で、日本人は、日本の安全保障について、自ら議論し決定しなければならない。安全保障は軍事力だけをもってするものではない。日本の持てる資源全てを動員して行うものだ。日本の強点である経済力や技術力をどう活かすのかも課題である。しかし、安全保障の根幹をなす自衛隊をどう使うのかは、やはり喫緊の課題であろう。そして、伝統的安全保障の議論をする際には、現在も努力を続ける自衛官のことに、ぜひとも思いを致して頂きたい。

最後に、研究者としての活動の場を与えて頂いた、東京財団理事長の秋山昌廣氏および東京財団職員の皆様に、心からの謝意を表したい。また、海上自衛隊幹部候補生学校入校以来、現役時代、海上自衛隊退職後を通じて、温かいご指導とご支持を頂いた、谷塚博已氏、吉田正紀氏に、格別の謝意を表する。

【著者紹介】
小原凡司（おはら　ぼんじ）
東京財団研究員・政策プロデューサー。専門は、外交、安全保障、中国。1985年防衛大学校卒業。1998年筑波大学大学院修士課程修了。海上自衛隊第101飛行隊長（回転翼）、駐中国防衛駐在官（海軍武官）、海上自衛隊第21航空隊司令（回転翼）、防衛研究所研究員などを歴任。海上自衛隊を退官後、軍事情報に関する雑誌などを発行するIHS Jane'sでアナリスト兼ビジネス・デベロップメント・マネージャーを務め、2013年1月から現職。豊富な情報源をもとに執筆する中国の軍事力や日本の安全保障に関する調査報告・記事は、その洞察力に定評があり、各メディアで注目されている。本書は、初めての書き下ろしである。

中国の軍事戦略
2014 年 11 月 13 日発行

著　者——小原凡司
発行者——山縣裕一郎
発行所——東洋経済新報社
〒103-8345　東京都中央区日本橋本石町 1-2-1
電話＝東洋経済コールセンター 03(5605)7021
http://toyokeizai.net/

D T P…………アイランドコレクション
装　丁…………鈴木正道
印　刷…………東港出版印刷
製　本…………積信堂
編集担当………水野一誠
　Printed in Japan　ISBN 978-4-492-21219-6